“绿美东莞·品质林业”系列书籍

东莞市大岭山森林公园陆生野生脊椎动物图鉴

主编◎张礼标 张尚坤 邓爱良 袁财圣

中国林业出版社
China Forestry Publishing House

“绿美东莞·品质林业”系列书籍

东莞市大岭山森林公园陆生野生脊椎动物图鉴

主　　编：张礼标　张尚坤　邓爱良　袁财圣

策　　划：王颢颖

特约编辑：吴文静

图书在版编目（CIP）数据

东莞市大岭山森林公园陆生野生脊椎动物图鉴 / 张礼标等主编 . -- 北京 : 中国林业出版社 , 2024.1

（“绿美东莞·品质林业”系列书籍）

ISBN 978-7-5219-2349-0

Ⅰ . ①东… Ⅱ . ①张… Ⅲ . ①森林公园 – 脊椎动物门 – 东莞 – 图集 Ⅳ . ① Q959.308-64

中国国家版本馆 CIP 数据核字（2023）第 181537 号

责任编辑　张　健

版式设计　柏桐文化传播有限公司

出版发行　中国林业出版社（100009，北京市西城区刘海胡同 7 号，电话 010- 83143621）

电子邮箱　cfphzbs@163.com

网　　址　www.forestry.gov.cn/lycb.html

印　　刷　北京雅昌艺术印刷有限公司

版　　次　2024 年 1 月 第 1 版

印　　次　2024 年 1 月 第 1 次印刷

开　　本　889 mm×1194 mm 1/16

印　　张　11

字　　数　320 千字

定　　价　148.00 元

丛书编委会

本书编委会

前言

生物多样性是人类赖以生存的条件，是经济社会可持续发展的基础，在维持生态系统稳定性和功能性等方面起着极其重要的作用。中国具有丰富而又独特的生态系统、物种和遗传多样性，是世界上生物多样性最丰富的国家之一。2021年10月11~15日，中国昆明举行了联合国《生物多样性公约》第十五次缔约方大会第一阶段会议（COP15），习近平主席在会议中指出"为加强生物多样性保护，中国正加快构建以国家公园为主体的自然保护地体系，逐步把自然生态系统最重要、自然景观最独特、自然遗产最精华、生物多样性最富集的区域纳入国家公园体系。""生态文明是人类文明发展的历史趋势。"随后，中共中央办公厅、国务院办公厅印发了《关于进一步加强生物多样性保护的意见》。

森林公园作为自然保护地的一部分，承载着物种保育、科学研究、引种驯化、科学传播等重要功能。对森林公园进行综合科学考察，可以进一步掌握森林公园自然生态系统情况，了解自然生态系统的演替规律和保护物种的生长规律，是对森林公园的自然生境、濒危野生生物资源保护的重要措施。同时，根据国务院办公厅《关于做好自然保护区管理有关工作的通知》(国办发〔2010〕63号）要求，要科学规划自然保护区（森林公园）发展，定期开展自然保护区（森林公园）的生物多样性状况调查和评价。

东莞市大岭山森林公园，管辖面积约74 km^2，东至东莞市大岭山镇与深圳宝安区交界处，南至莲花山山腰，西至白石山山脚，北至厚大路。由于地处珠三角经济高度发达地区，且周边人类活动较为活跃，公园的生物多样性具有一定的典型性、独特性和代表性。

"绿美东莞·品质林业"是东莞市当前及今后一个时期的战略任务和价值追求。中国科学院华南植物园、广东省科学院动物研究所、广东省科学院微生物研究所（广东省微生物分析检测中心）、华南农业大学协同东莞市大岭山森林公园，于2021年11月至2022年8月联合开展东莞市大岭山森林公园综合科考项目，其中陆生野生脊椎动物的调查由广东省科学院动物研究所承担。通过本次调查，共记录兽类23种、鸟类77种、爬行类18种、两栖类10种，共计128种；增加公园新记录44种，其中兽类14种、鸟类22种、爬行类5种、两栖类3种。列入国家二级保护野生动物的有13种，分别为豹猫、褐翅鸦鹃、小鸦鹃、黑冠鳽、普通鵟、蛇雕、凤头蜂鹰、领鸺鹠、白胸翡翠、画眉、黑喉噪鹛、仙八色鸫、三索锦蛇。

感谢东莞市大岭山森林公园潘俊、黎伟平、李志明、郑治强在野外工作中给予的协助。本书对开展珠三角地区森林公园动物多样性研究、对东莞市大岭山森林公园动物保护具有重要意义，可作为科研工作者、生物多样性保护工作者、自然观察爱好者的参考书籍。

本书编委会

2023年11月

目 录

自然地理

科考概况

物种各论

一、陆生野生兽类

二、野生鸟类

第一章

自然地理

一、区域位置

东莞市大岭山森林公园下辖2个森林公园、1个市属林场和3个自然保护区，即广东省东莞市大岭山省级森林公园、东莞市大岭山市级森林公园、东莞市国营大岭山林场、东莞市马山市级自然保护区、东莞市灯心塘市级自然保护区、东莞莲花山市级自然保护区，管辖总面积约74 km^2，位于广东省东莞市西南部，珠江口的东北部，地理坐标是东经113°42′22″~113°48′12″，北纬22°50′00″~22°53′32″。东至东莞市大岭山镇与深圳宝安区交界处，南至莲花山山腰，西至白石山山脚，北至厚大路。以下所称大岭山森林公园特指东莞市大岭山森林公园所有管辖范围。

其中，马山自然保护区总面积23.56 km^2，位于广东省东莞市大岭山镇中心以西。区内从北到南分布有老虎岩水库、金鸡咀水库、大王岭水库、长湖水库和枫树坑水库，水资源丰富。

灯心塘自然保护区总面积5 km^2，位于东莞市厚街镇东南部，东倚大岭山山脉，南与大岭山林场接壤，西连新围管理区，北与大迳管理区相邻。保护区由新围、大迳两个管理区的部分林地组成。在保护区范围内，最高峰为大岭山山顶，即茶山顶。

莲花山自然保护区总面积7.58 km^2，位于长安镇北部和大岭山镇西部，东起107国道，南起莲花山水库，西至马尾水库，北至莲花山峰。保护区属低山丘陵，地势由北向南倾斜。莲花山由四座山峰组成，主峰海拔513.4 m，是长安镇最高峰，东莞西南部第二高峰。保护区属于“自然生态系统”类别的“森林生态系统类型”保护区。保护区植被以次生南亚热带常绿阔叶林、针阔混交林为主。莲花山是东莞市林相改造最成功的景区之一。

二、地形地貌

东莞市地质构造上，位于罗浮山断缘带南部边缘的博罗大断裂、东莞断凹盆地中，地势东南高、西北低。地貌以丘陵台地、冲积平原为主，丘陵台地占全市陆地面积的44.5%，冲积平原占43.3%，山地占6.2%。大岭山森林公园位于东莞市南部，属低山、丘陵地貌，地势为东北部高西北部低，中部高四周低，海拔15~530 m。园内群山起伏，峰峦叠嶂，山深谷幽，有大岭山、莲花山、白石山、马鞍山四大分支山脉。大岭山山脉最高点为茶山顶，海拔530 m，登上峰顶，近可欣赏城市新貌及周边湖光山色，远可眺望南海及珠江入海口。莲花山山脉长18 km，主峰海拔513 m，山体状像莲花，如莲花半开，植被覆盖绿高，交通便捷，自然地理条件优越。白石山和马鞍山的最高峰都在300 m左右。

公园内的自然灾害主要有低温阴雨、暴雨、雷击和山体滑坡等。由于降雨大部分集中在汛期4~9月份，且常伴有台风袭击，引起洪峰集中下泄，极易造成洪涝灾害。此外，由于地质原因，暴雨易引发滑坡、塌方等险情。同时森林公园森林资源较丰富，林下枯枝落叶较多，森林火灾及森林病虫害也存在较大隐患。

在公园的高山密林中，有许多形象奇特的山石，如插旗石、麒麟石、莲花石、情侣石，千姿百态，似人、似兽、似物，栩栩如生。这些石头分布在公园各处，以其安静的美点缀着园区，更加彰显出园区的自然和野趣。

公园内还有多个早期采石场遗址，其中白石山采石场遗址、鸡亦山采石场遗址等规模较为宏大。白石山采石场遗址位于大岭山森林公园白石山景区内，毗邻沙溪水库。经历了数年的采石，采石场的山体已经成为了绝壁，采空的山体底部形成了巨大深潭，就像晶莹剔透的天池。采石场内形状各异的风化石地貌，杂草丛生的荒凉景象，让人仿佛身处大峡谷，吸引众多游客前来探险。

三、气候特征

参考东莞市气候特征，大岭山森林公园属亚热带季风气候，长夏无冬，日照充足，雨量充沛，温差振幅小，季风明显。1996—2000年，年平均气温为23.1 ℃。最暖为1998年，年平均气温为23.6 ℃；最冷为1996年，年平均气温为22.7 ℃。一年中最冷为1月，最热为7月。日照时数充足，1996—2000年平均日照时数为1873.7 h，占全年可照时数的42%。其中，2000年，日照时数最多，达2059.5 h，占全年可照时数的46%；最少是1997年，仅有1558.1 h，占全年可照时数的35%。一年中2~3月日照最少，7月日照最多。雨量集中在4~9月，其中4~6月为前汛期，以锋面低槽降水为多。7~9月为后汛期，台风降水活跃。1996—2000年，全年平均降水量为1819.9 mm。最多为1997年，年降水量2074.0 mm；最少为1996年，只有1547.4 mm。

降水是地表水的主要来源，大岭山森林公园属于亚热带季风湿润气候区，水汽主要来自印度洋孟加拉湾、太平洋和南海，年内降水量分布不均匀，干湿季节明显，一年中降水主要集中在4~10月，其中4~6月为前汛期，7~10月为后汛期，在夏季易产生雷阵雨，一年之中一般以6月降水量最多（秦礼晶，2015）。年平均降水量1700~1800 mm，以4~9月为雨季，降水量占全年的80%以上，灾害性天气以台风雨为主（秦礼晶，2015；刘颂颂 等，2015）。

四、山溪和水库

大岭山森林公园主要以低山丘陵为主，土壤层一般都较薄，森林水源涵养能力较差，分布在其中的山溪水系季节性变化大，在多雨季节的5~8月溪流水势较大，但是在旱季基本为枯水期，水势很小，多为缓流、渗水性细流小溪和积水小潭，缺少湍急的溪流。森林公园内主要的溪流包括水翁湿地溪流、观湖广场溪流、碧幽谷溪流、翠绿步道溪流、森林浴步径溪流、大石路石洞平台溪流、长湖水库旁溪流等。

大岭山森林公园内水资源丰富，有水库18个，总库容达8000万m^3，分别为三丫陂水库、马草塘水库、沙溪水库、龙潭水库、大溪水库、怀德水库、九转湖、大板水库、大水沥水库、大王岭水库、金鸡咀水库、鸡公仔水库、杨梅水库、禾寮窝水库、灯心塘水库、长湖水库、花灯盏水库、石陂头水库，面积较大的有大溪水库、怀德水库等。各大水库库岸曲折多变，倒影如画，众多半岛将湖面天然分隔，形成迂回幽静的港湾。

五、土壤类型

森林公园地带性土壤为赤红壤，土层深厚，一般厚度在100 cm以上，有机质多，比较肥沃，pH值5~5.5。赤红壤是砖红壤与红壤之间的过渡类型，在高温多雨的作用下，土壤淋溶作用强烈，碱金属和碱土金属元素大量淋失，盐基物质贫缺，富铝化作用明显，普遍呈酸性反应等（中国科学院华南植物研究所，1995）。海拔300 m以上多为山地赤红壤。赤红壤的发育母岩主要有砂页岩、花岗岩、沉积岩等，土层一般浅薄，有机质含量一般较低，其风化淋溶作用略弱于砖红壤，颜色红，质地较黏重，肥力较差，土壤富铝化过程的特征比较明显。因各地区植被不同，不同地区土壤的有机质、养分含量及土壤质地均有不同。例如，在坡度较大的山腰为有少量有机质的中、薄层赤红壤，在丘陵和山间谷地多为厚层赤红壤。(王登峰 等，1999；任海 等，2002)。

第二章

科考概况

生物多样性是人类赖以生存的最基本条件，并且在维持生态系统稳定性和功能性等方面起着重要的作用（Brum et al., 2017；宋文宇 等，2021）。对陆生野生脊椎动物的调查，主要以样线法为主（张倩雯 等，2018；Liang et al., 2021），对其中的大中型兽类和地栖型鸟类则可采用红外相机监测法(Welbourne et al., 2016；肖治术，2019；李斌强 等，2022)，而对小型兽类则需要采用专项调查来开展(张礼标 等，2017)。森林公园作为自然保护地的一部分，同样也承载着物种保育、科学研究、引种驯化、科普传播等重要功能。对森林公园进行动物多样性调查，是对其自然生境、濒危野生生物资源保护的重要措施（王芳 等，2009；陈武华，2009；胡平，2011）。

迄今为止，对东莞市自然保护地的陆生野生脊椎动物多样性调查成果较少，张亮（2012）记录了东莞市银瓶山自然保护区陆生脊椎动物173种。大岭山森林公园地处珠三角经济高度发达地区，且周边人类活动较为活跃，公园的生物多样性具有一定的典型性、独特性和代表性。对大岭山森林公园的陆生野生脊椎动物进行详细调查，很有必要。

一、调查方法

调查时间为2021年11月至2022年12月，共进行4次野外实地调查，分别为2021年11月、2022年3月底至4月初、2022年8月、2022年12月。调查方法参照《全国第二次陆生野生动物资源调查技术规程》(国家林业和草原局，2011)，针对不同的动物类群，采用不同的调查方法。

1. 两栖类和爬行类

主要采用样线法。主要沿溪流布设样线，晚上开展调查，白天进行补充调查。样线长度为1~5 km，单侧宽度为5 m；共布设8条样线，样线总长度26.2 km。两栖类和爬行类的调查同时进行。样线跨越的生境类型主要包括山间公路、路边灌丛、溪流、池塘、沼泽、稻田和常绿阔叶林等。

2. 鸟类

主要采用样线法，结合红外相机法监测地栖型鸟类。样线长度为3~5 km，单侧宽度为120 m；共布设11条样线，样线总长度42.2 km。样线覆盖森林公园主要的生境类型，每天的调查时间集中在6:00~10:00和15:00~18:00。

3. 大中型兽类

主要采用红外相机监测法。对大岭山森林公园采取系统抽样方案进行监测，并结合实际情况对森林公园全区域进行网格划分，利用ArcGIS(地理信息系统)将森林公园划分成31个1 km × 1 km的公里网格，每个公里网格安放一台红外相机。红外相机设置为拍照+视频模式，连续2次拍照最短时间间隔1分钟，采用24 h全天候监测。选择动物活动痕迹较多的地点(如兽径、水源点、取食痕迹较多处等)作为相机监测位点。相机固定于离地面30~50 cm的树干上，相机镜头与地面平行或与地面呈<5°的俯视角。每隔4个月更换电池和内存卡。

4. 小型兽类

主要采用专项调查方法。翼手类（蝙蝠）主要采取栖息地和网捕法调查，啮齿类和食虫类主要采取铗夜法和陷阱法调查：

①针对翼手类的活动特点和行为习性，主要采取日栖息地、夜栖息地和网捕法调查。蝙蝠日间聚集于日栖息地休息，如自然溶洞、穿山水利洞、下水道、树洞等，进入栖息地进行调查、捕捉；夜晚蝙蝠

捕食间期有可能利用废弃的楼房等作为夜栖息地进行休息、处理食物，于晚上对此类栖息地进行调查、捕捉；傍晚开始在蝙蝠潜在的捕食区或飞行路线上布网捕捉。

②对啮齿类和食虫类以铗夜法为主进行调查。根据其生活习性、当地地形、植被类型等，选择一定的路线，于17:00~18:00，每条路线放置20个鼠夹，鼠夹间隔5 m，以带壳花生作为诱饵，每天2条路线；翌日7:00~8:00收鼠夹及被夹到的动物。与此同时，辅以陷阱法，通过挖坑放置小桶捕捉食虫类动物。

对样线法调查到的两栖类、爬行类和鸟类数据进行多样性分析。利用Berger-Parker（伯杰–派克）优势度指数、Margalef丰富度指数、Shannon-Wiener（香农–维纳）多样性指数和Pielou（皮诺）均匀度指数分析各类动物的优势物种，以及动物的丰度、多度和均匀度。此外，对红外相机数据进行分析，包括物种相对多度指数和物种网格占有率。采用动物的拍摄率作为其相对多度指数，即某一调查区域内，每100个单位相机日所获取某一物种在所有相机位点的独立有效照片数（$RAI = Ai/N*100\%$）。物种网格占有率也称为物种相机位点出现率，即某一调查区域内，某物种被拍到的相机位点数占所有相机位点数的百分率（$Goi = ni/N*100\%$）。

二、调查结果

1. 物种概况

本次调查共记录到陆生野生脊椎动物128种，隶属于4纲19目61科105属（表2-1）。其中，以鸟纲为主，物种占比超过一半（60.1%），其次为哺乳纲（18.0%）、爬行纲（14.1%），而两栖纲物种占比最少（7.8%）。

本次调查结果在前期调查的基础上增加了44种，其中兽类增加14种、鸟类22种、爬行类5种、两栖类3种。

表2-1 东莞市大岭山森林公园陆生脊椎动物不同分类阶元组成

纲	目	科	属	种	物种占比（%）	增加物种数*
哺乳纲 Mammalia	5	10	16	23	18.0	14
鸟纲 Aves	12	34	63	77	60.1	22
爬行纲 Reptilia	1	11	17	18	14.1	5
两栖纲 Amphibian	1	6	9	10	7.8	3
合计	19	61	105	128	100	44

注 *参考资料：《东莞市灯心塘自然保护区总体规划（2018）》《东莞市马山自然保护区总体规划（2018）》《东莞市莲花山自然保护区总体规划（2018）》。

2. 濒危和保护动物

在调查到的陆生野生脊椎动物中，列入国家二级保护野生动物的有13种，其中兽类（属哺乳纲）1种（豹猫*Prionailurus bengalensis*）、鸟类11种（褐翅鸦鹃*Centropus sinensis*、小鸦鹃*Centropus bengalensis*、黑冠鳽*Gorsachius melanolophus*、普通鵟*Buteo japonicus*、蛇雕*Spilornis cheela*、凤头蜂鹰*Pernis ptilorhynchus*、领鸺鹠*Glaucidium brodiei*、白胸翡翠*Halcyon smyrnensis*、画眉*Garrulax canorus*、黑喉噪鹛*Garrulax chinensis*、仙八色鸫*Pitta nympha*）、爬行类1种（三索锦蛇*Coelognathus radiatus*）；列入《广东省重点保护野生动物名录》的有12种，其中兽类1种（红背鼯鼠*Petaurista petaurista*）、鸟类9种（黑水鸡*Gallinula chloropus*、白喉斑秧鸡*Rallina eurizonoides*、黑翅长脚鹬*Ardeola bacchus*、池鹭*Ardeola bacchus*、白鹭*Egretta garzetta*、中白鹭*Ardea intermedia*、大白鹭*Ardea alba*、栗苇鳽*Ixobrychus*

cinnamomeus、白眉鹀*Emberiza tristrami*、三道眉草鹀*Emberiza cioides*)、两栖类1种（东莞角蟾*Panophrys dongguanensis*)。此外，濒危和保护动物列入《濒危野生动植物种国际贸易公约》(CITES) 附录I的有1种、CITES附录II的有6种、CITES附录III的有3种；列入《世界自然保护联盟（IUCN）濒危物种红色名录》濒危（EN）等级的有1种，易危（VU）等级的有2种，近危（NT）等级的有1种（表2-2）。

本次调查增加的44种动物中，有7种属于国家二级保护野生动物。

表 2-2　东莞市大岭山森林公园陆生脊椎动物濒危现状

纲	国家二级保护	广东省重点保护	CITES 附录 I	CITES 附录 II	CITES 附录 III	濒危（EN）	易危（VU）	近危（NT）
哺乳纲 Mammalia	1	1	0	1	2	1	0	0
鸟纲 Aves	11	9	1	5	0	0	1	1
爬行纲 Reptilia	1	0	0	0	1	0	1	0
两栖纲 Amphibian	0	1	0	0	0	0	0	0
合计	13	11	1	6	3	1	2	1

3. 样线法调查结果

样线法调查的两栖类Berger-Parker优势度指数排名前三名的物种为黑眶蟾蜍*Duttaphrynus melanostictus*（0.612)、花狭口蛙*Kaloula pulchra*（0.129)、沼水蛙*Hylarana guentheri*（0.103)，爬行类排名前三名的物种为中国壁虎*Gekko chinensis*（0.190)、黄斑渔游蛇*Xenochrophis flavipunctatus*（0.071)、变色树蜥*Calotes versicolor*（0.071)，鸟类排名前五名的物种为暗绿绣眼鸟*Zosterops simplex*（0.197)、黑领噪鹛Garrulax pectoralis（0.123)、红耳鹎*Pycnonotus jocosus*（0.085)、白头鹎*Pycnonotus sinensis*（0.085)、珠颈斑鸠*Spilopelia chinensis*（0.048)。

样线法调查的3类动物，Shannon-Wiener多样性指数和Margalef丰富度指数均是鸟类最高（分别是3.103、8.085)，其次为爬行类（2.698、4.548)，而两栖类最低（1.359、1.893)；Pielou均匀度指数则是爬行类最高（0.933)，其次为鸟类（0.752)，两栖类仍为最低（0.590)(表2-3)。

表 2-3　东莞市大岭山森林公园样线法调查的动物多样性指数

动物类群	Shannon-Wiener 多样性指数	Margalef 丰富度指数	Pielou 均匀度指数
鸟纲 Aves	3.103	8.085	0.752
爬行纲 Reptilia	2.698	4.548	0.933
两栖纲 Amphibian	1.359	1.893	0.590

4. 红外相机监测结果

安放的31台红外相机，丢失1台，回收30台数据。根据红外相机一年的监测结果，累计相机工作日10240台日，拍摄到的野生动物有效照片共2706张（鼠类、蝙蝠等不易鉴定的照片未计入)，其中，鸟类有效照片2059张，占比76.1%；兽类有效照片647张，占有效照片的23.9%。鉴定到鸟类36种、兽类6种，合计42种（表2-4)。

根据红外相机监测结果，监测期间大中型兽类优势种为野猪*Sus scrofa*（*RAI*=3.07)，其次为豹猫（1.61)、鼬獾*Melogale moschata*（0.88）和赤腹松鼠*Callosciurus erythraeus*（0.70)，而红腿长吻松鼠

Dremomys pyrrhomerus（0.03）和花面狸*Paguma larvata*（0.03）较为少见；林下地栖型鸟类优势种为紫啸鸫*Myophonus caeruleus*（6.90）、虎斑地鸫*Zoothera dauma*（4.11）、灰背鸫*Turdus hortulorum*（3.88）、珠颈斑鸠（1.16）等（表2-4）。

根据红外相机监测的网格占有率，兽类网格占有率最高的是豹猫，30个网格均拍摄到（*Goi*=1.00），其次为野猪（0.93）、赤腹松鼠（0.60）、鼬獾（0.47），而红腿长吻松鼠（0.10）、花面狸（0.07）的网格占有率则很低；鸟类中网格占有率超过0.50的物种分别是虎斑地鸫（1.00）、灰背鸫（0.93）、紫啸鸫（0.90）、珠颈斑鸠（0.63）、褐翅鸦鹃（0.57）、乌灰鸫(Turdus cardis)（0.53）、黑领噪鹛（0.53）(表2-4)。

表2-4 东莞市大岭山森林公园红外相机监测的鸟类和兽类信息表

种类	序号	物种	有效照片数	相对多度指数	网格数	网格占有率
鸟类	1	灰胸竹鸡 *Bambusicola thoracicus*	4	0.04	2	0.07
	2	白喉斑秧鸡 *Rallina eurizonoides*	2	0.02	1	0.03
	3	珠颈斑鸠 *Spilopelia chinensis*	119	1.16	19	0.63
	4	山斑鸠 *Streptopelia orientalis*	13	0.13	5	0.17
	5	绿翅金鸠 *Chalcophaps indica*	45	0.44	7	0.23
	6	黑冠鳽 *Gorsachius melanolophus*	10	0.10	4	0.13
	7	褐翅鸦鹃 *Centropus sinensis*	32	0.31	17	0.57
	8	小鸦鹃 *Centropus bengalensis*	6	0.06	4	0.13
	9	白胸苦恶鸟 *Amaurornis phoenicurus*	3	0.03	3	0.10
	10	丘鹬 *Eurasian rusticola*	45	0.44	9	0.30
	11	蛇雕 *Spilornis cheela*	1	0.01	1	0.03
	12	松鸦 *Garrulus glandarius*	12	0.12	5	0.17
	13	灰树鹊 *Dendrocitta formosae*	8	0.08	3	0.10
	14	红嘴蓝鹊 *Urocissa erythroryncha*	34	0.33	6	0.20
	15	仙八色鸫 *Pitta nympha*	8	0.08	4	0.13
	16	远东山雀 *Parus minor*	1	0.01	1	0.03
	17	长尾缝叶莺 *Orthotomus sutorius*	2	0.02	1	0.03
	18	乌灰鸫 *Turdus cardis*	47	0.46	16	0.53
	19	虎斑地鸫 *Zoothera dauma*	421	4.11	30	1.00
	20	橙头地鸫 *Geokichla citrina*	4	0.04	3	0.10
	21	灰背鸫 *Turdus hortulorum*	397	3.88	28	0.93
	22	乌鸫 *Turdus mandarinus*	4	0.04	2	0.07
	23	紫啸鸫 *Myophonus caeruleus*	707	6.90	27	0.90
	24	鹊鸲 *Copsychus saularis*	3	0.03	3	0.10
	25	红尾歌鸲 *Larvivora sibilans*	22	0.21	4	0.13
	26	红胁蓝尾鸲 *Tarsiger cyanurus*	10	0.10	5	0.17
	27	黄眉柳莺 *Phylloscopus inornatus*	3	0.03	2	0.07
	28	画眉 *Garrulax canorus*	15	0.15	9	0.30
	29	黑领噪鹛 *Garrulax pectoralis*	41	0.40	16	0.53
	30	黑脸噪鹛 *Garrulax perspicillatus*	8	0.08	5	0.17
	31	黑喉噪鹛 *Garrulax chinensis*	9	0.09	5	0.17
	32	白眉鹀 *Emberiza tristrami*	8	0.08	5	0.17
	33	白头鹎 *Pycnonotus sinensis*	9	0.09	4	0.13
	34	红耳鹎 *Pycnonotus jocosus*	1	0.01	1	0.03
	35	鳞头树莺 *Urosphena squameiceps*	1	0.01	1	0.03
	36	北红尾鸲 *Phoenicurus auroreus*	4	0.04	1	0.03

续表

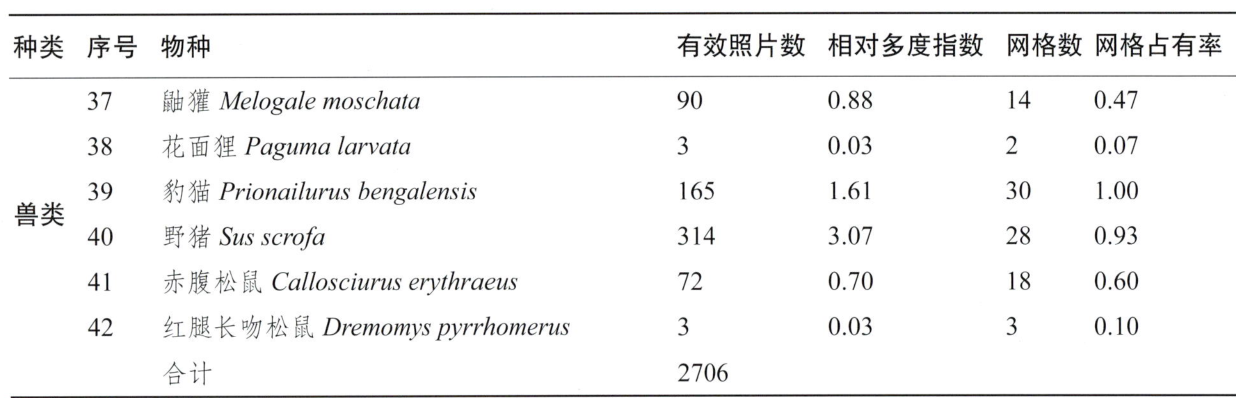

种类	序号	物种	有效照片数	相对多度指数	网格数	网格占有率
兽类	37	鼬獾 *Melogale moschata*	90	0.88	14	0.47
	38	花面狸 *Paguma larvata*	3	0.03	2	0.07
	39	豹猫 *Prionailurus bengalensis*	165	1.61	30	1.00
	40	野猪 *Sus scrofa*	314	3.07	28	0.93
	41	赤腹松鼠 *Callosciurus erythraeus*	72	0.70	18	0.60
	42	红腿长吻松鼠 *Dremomys pyrrhomerus*	3	0.03	3	0.10
		合计	2706			

三、陆生野生兽类

1. 物种组成及区系特征

本次在大岭山森林公园调查到兽类5目10科23种（表2-5），占广东省兽类总物种数144种（邹发生等，2016）的16.0%。其中以翼手目（12种，占比52.2%）为主，其次为啮齿目（6种），其余的食肉目（3种）、劳亚食虫目（1种）、鲸偶蹄目（1种）相对较少。

表 2-5 东莞市大岭山森林公园陆生野生兽类名录

物种	保护级别 / 受胁等级	动物区系 / 分布型
一、劳亚食虫目 EULIPOTYPHLA		
（一）鼩鼱科 Soricidae		
1. 灰麝鼩 *Crocidura attenuata* △	LC	OS/Sd
二、啮齿目 RODENTIA		
（二）松鼠科 Sciuridae		
2. 赤腹松鼠 *Callosciurus erythraeus* △	3, LC, III	OS/Wc
3. 红腿长吻松鼠 *Dremomys pyrrhomerus** △	3, LC	OS/Wc
4. 红背鼯鼠 *Petaurista petaurista* △	S, 3, LC	OS/Wc
（三）鼠科 Muridae		
5. 华南针毛鼠 *Niviventer huang*	LC	OS/Wc
6. 黑缘齿鼠 *Rattus andamanensis* △	LC	OS/Wc
7. 黄胸鼠 *Rattus tanezumi*	LC	OS/We
三、翼手目 CHIROPTERA		
（四）菊头蝠科 Rhinolopidae		
8. 中华菊头蝠 *Rhinolophus sinicus* △	LC	OS/Sd
（五）蹄蝠科 Hipposideridae		

续表

物种	保护级别 / 受胁等级	动物区系 / 分布型
9. 小蹄蝠 *Hipposideros pomona* △	EN	OS/Wc
（六）蝙蝠科 Vespertilionidae		
10. 霍氏鼠耳蝠 *Myotis horsfieldii* △	LC	OS/Wa
11. 华南水鼠耳蝠 *Myotis laniger* △	LC	OS/Sf
12. 鼠耳蝠 *Myotis* sp.		
13. 灰伏翼 *Hypsugo pulveratus* △	LC	OS/Sd
14. 卡氏伏翼 *Hypsugo cadornae* △	LC	OS/Sb
15. 东亚伏翼 *Pipistrellus abramus* △	LC	CS/Ea
16. 普通伏翼 *Pipistrellus pipistrellus*	LC	CS/Uh
17. 侏伏翼 *Pipistrellus tenuis* △	LC	OS/Sc
18. 华南扁颅蝠 *Tylonycteris fulvida* △	LC	OS/Wb
19. 托京褐扁颅蝠 *Tylonycteris tonkinensis* △	LC	OS/Wb
四、食肉目 CARNIVORA		
（七）鼬科 Mustelidae		
20. 鼬獾 *Melogale moschata*	3, LC	OS/Sd
（八）灵猫科 Viverridae		
21. 花面狸 *Paguma larvata*	3, LC, III	CS/We
（九）猫科 Felidae		
22. 豹猫 *Prionailurus bengalensis* △	二, LC, II	CS/We
五、鲸偶蹄目 CETARTIODACTAYLA		
（十）猪科 Suidae		
23. 野猪 *Sus scrofa*	LC	CS/Uh

注 保护级别/受胁等级：二——国家二级保护野生动物（2021），3——国家保护的有益的或者有重要经济、科学研究价值的陆生野生动物（即“三有”动物，2023），S——广东省重点保护陆生野生动物（2021），II/III——CITES（2019）附录II/III，VU（易危）、NT（近危）、LC（无危）——《IUCN濒危物种红色名录》评定的受胁等级（2023）。动物区系OS——东洋界，CS——广布种，Wa——热带亚型，Wb——热带-南亚热带亚型，Wc——热带-中亚热带亚型，We——热带-温带亚型，Sd——热带-北亚热带型，Sb——热带-南亚热带型、Sc——热带-中亚热带型、Sf——南亚热带-北亚热带型，Uh——欧亚温带-热带亚型，Ea——包含阿穆尔或再延伸至俄罗斯远东地区。物种：*——中国特有种，△——东莞市大岭山森林公园新记录物种。

根据张荣祖（2011）动物地理区划，大岭山森林公园地处东洋界华南区、闽广沿海亚区。本次调查到的23种兽类中，属于东洋界（OS）的有18种，占比78.3%，其余5种属于广布种（CS）。大岭山森林公园的兽类区系特征与所处地理区划相符。

大岭山森林公园23种兽类中，作为华南区代表成分的东洋型（W）物种12种，占52.2%。其中，热带亚型（Wa）1种，热带-南亚热带亚型（Wb）2种，热带-中亚热带亚型（Wc）6种，热带-温带亚型（We）3种（表2-6）。

作为华中区代表成分的南中国型（S）7种，占30.4%。其中，热带-北亚热带型（Sd）4种，其他的热带-南亚热带型（Sb）、热带-中亚热带型（Sc）、南亚热带-北亚热带型（Sf）均为1种。

还有分布广泛的季风区型（E）1种，占4.3%，属于包含阿穆尔或再延伸至俄罗斯远东地区（Ea）。

作为主要分布在华北区的古北型（U）物种2种，占8.7%，均属于温带为主再伸至热带（欧亚温带-热带亚型）(Uh)。

此外，1种目前未鉴定的物种（鼠耳蝠*Myotis* sp.）。

中国特有种1种，属于热带-中亚热带亚型（Wc）。

表 2-6　东莞市大岭山森林公园陆生野生兽类分布型

分布型	分布亚型	种数	中国特有种
季风区型（E） 1种，占4.3%	包含阿穆尔或再延伸至俄罗斯远东地区（Ea）	1	
南中国型（S） 7种，占30.4%	热带-南亚热带亚型（Sb）	1	
	热带-中亚热带亚型（Sc）	1	
	热带-北亚热带亚型（Sd）	4	
	南亚热带-北亚热带亚型（Sf）	1	
东洋型（W） 12种，占52.2%	热带亚型（Wa）	1	
	热带-南亚热带亚型（Wb）	2	
	热带-中亚热带亚型（Wc）	6	1
	热带-温带亚型（We）	3	
古北型（U） 2种，占8.7%	温带为主，再伸至热带（欧亚温带-热带亚型）（Uh）	2	
未定种 1种，占4.3%	未定种	1	

2. 濒危和保护兽类

大岭山森林公园调查到的23种兽类中，属于国家二级保护野生动物的有1种，为豹猫；属于广东省重点保护的有1种，为红背鼯鼠；被列入濒危野生动植物种国际贸易公约（CITES）附录II的有1种，为豹猫，附录III的有2种，为赤腹松鼠、花面狸；被IUCN红色名录列为濒危（EN）等级的有1种，为小蹄蝠*Hipposideros pomona*（表2-7）。

表 2-7　东莞市大岭山森林公园珍稀濒危重点保护兽类一览表

序号	物种	保护级别
1	小蹄蝠 *Hipposideros pomona*	EN
2	花面狸 *Paguma larvata*	附录 III
3	豹猫 *Prionailurus bengalensis*	二级，附录 II
4	赤腹松鼠 *Callosciurus erythraeus*	附录 III
5	红背鼯鼠 *Petaurista petaurista*	省重

注　二级——国家二级保护野生动物（2021）；省重——广东省重点保护野生动物（2021）；濒危（EN）——《IUCN濒危物种红色名录》受胁等级；附录II——CITES（2019）附录II，附录III——CITES（2019）附录III。

3. 中国特有种及新记录兽类

本次调查到的23种兽类中，中国特有种有1种，为红腿长吻松鼠。比较以往东莞市大岭山森林公园调查的兽类名录，此次调查新记录14种，分别为：灰麝鼩*Crocidura attenuata*、中华菊头蝠*Rhinolophus sinicus*、小蹄蝠、霍氏鼠耳蝠*Myotis horsfieldii*、华南水鼠耳蝠*Myotis laniger*、灰伏翼 *Hypsugo pulveratus*、卡氏伏翼*Hypsugo cadornae*、东亚伏翼*Pipistrellus abramus*、侏伏翼*Pipistrellus tenuis*、华南扁颅蝠*Tylonycteris fulvida*、托京褐扁颅蝠*Tylonycteris tonkinensis*、红腿长吻松鼠、红背鼯鼠、黑缘齿鼠*Rattus andamanensis*。

四、野生鸟类

1. 物种组成

2021年11月、2022年3~4月初、2022年8月、2022年12月共进行了4次鸟类样线调查，对应秋季、春季、夏季、冬季；并采用红外相机辅助监测，通过样线法、红外相机监测法共记录到鸟类12目32科77种（表2-8），其中样线法调查到71种、红外相机监测法拍摄到的照片中鉴定到36种。

表2–8　东莞市大岭山森林公园野生鸟类名录

物种	区系	居留型	生态类型	保护级别	受胁等级	CITES 附录
一、鸡形目 GALLIFORMES						
（一）雉科 Phasianidae						
1. 灰胸竹鸡 *Bambusicola thoracicus**	OS	R	陆禽	3	LC	
二、鸊鷉目 PODICIPEDIFORMES						
（二）鸊鷉科 Podicipedidae						
2. 小鸊鷉 *Tachybaptus ruficollis* △	OS	R	游禽	3	LC	
三、鸽形目 COLUMBIFORMES						
（三）鸠鸽科 Columbidae						
3. 珠颈斑鸠 *Spilopelia chinensis*	OS	R	陆禽	3	LC	
4. 山斑鸠 *Streptopelia orientalis*	CS	R	陆禽	3	LC	
5. 绿翅金鸠 *Chalcophaps indica* △	OS	R	陆禽	3	LC	
四、夜鹰目 CARPRIMULGIFORMES						
（四）雨燕科 Apodidae						
6. 小白腰雨燕 *Apus nipalensis*	CS	S	攀禽	3	LC	
五、鹃形目 CUCULIFORMES						
（五）杜鹃科 Cuculidae						
7. 褐翅鸦鹃 *Centropus sinensis*	OS	R	攀禽	二级	LC	
8. 小鸦鹃 *Centropus bengalensis*	OS	R	攀禽	二级	LC	

续表

物种	区系	居留型	生态类型	保护级别	受胁等级	CITES 附录
9. 噪鹃 *Eudynamys scolopaceus*	OS	R	攀禽	3	LC	
10. 八声杜鹃 *Cacomantis merulinus*	OS	S	攀禽	3	LC	
11. 鹰鹃 *Hierococcyx sparverioides*	OS	S	攀禽	3	LC	
六、鹤形目 GRUIFORMES						
（六）秧鸡科 Rallidae						
12. 白胸苦恶鸟 *Amaurornis phoenicurus*	OS	R	涉禽	3	LC	
13. 黑水鸡 *Gallinula chloropus* △	OS	R	涉禽	S, 3	LC	
14. 白喉斑秧鸡 *Rallina eurizonoides* △	OS	R	涉禽	S, 3	LC	
七、鸻形目 CHARADRIFORMES						
（七）反嘴鹬科 Recurvirostridae						
15. 黑翅长脚鹬 *Himantopus himantopus* △	CS	W	涉禽	S, 3	LC	
（八）鹬科 Scolopacidae						
16. 丘鹬 *Eurasian rusticola* △	CS	W	涉禽	3	LC	
八、鹈形目 PELECANIFORMES						
（九）鹭科 Ardeidae						
17. 池鹭 *Ardeola bacchus*	OS	S, R, W	涉禽	S, 3	LC	
18. 大白鹭 *Ardea alba*	CS	W, P, R	涉禽	S, 3	LC	
19. 中白鹭 *Ardea intermedia*	OS	W	涉禽	S, 3	LC	
20. 白鹭 *Egretta garzetta*	PS	R, W	涉禽	S, 3	LC	
21. 黑冠鳽 *Gorsachius melanolophus* △	OS	R	涉禽	二级	LC	
22. 栗苇鳽 *Ixobrychus cinnamomeus*	CS	R, P	涉禽	S, 3	LC	
九、鹰形目 ACCIPITRIFORMES						
（十）鹰科 Accipitridae						
23. 普通鵟 *Buteo japonicus*	PS	W	猛禽	二级	LC	II
24. 蛇雕 *Spilornis cheela*	OS	R	猛禽	二级	LC	II
25. 凤头蜂鹰 *Pernis ptilorhynchus* △	OS	S	猛禽	二级	LC	I
十、鸮形目 STRIGIFORMES						
（十一）鸱鸮科 Strigidae						
26. 领鸺鹠 *Glaucidium brodiei* △	OS	R	猛禽	二级	LC	II
十一、佛法僧目 CORACIIFORMES						
（十二）翠鸟科 Alcedinidae						
27. 白胸翡翠 *Halcyon smyrnensis* △	CS	R	攀禽	二级	LC	II

续表

物种	区系	居留型	生态类型	保护级别	受胁等级	CITES 附录
28. 普通翠鸟 *Alcedo atthis*	OS	R	攀禽	3	LC	
十二、雀形目 PASSERIFORMES						
（十三）山椒鸟科 Campephagidae						
29. 赤红山椒鸟 *Pericrocotus speciosus*	OS	S	鸣禽	3	LC	
（十四）卷尾科 Dicruridae						
30. 黑卷尾 *Dicrurus macrocercus*	OS	S	鸣禽	3	LC	
（十五）伯劳科 Laniidae						
31. 棕背伯劳 *Lanius schach*	OS	R	鸣禽	3	LC	
（十六）鸦科 Corvidae						
32. 松鸦 *Garrulus glandarius*	PS	R	鸣禽	3	LC	
33. 红嘴蓝鹊 *Urocissa erythroryncha*	OS	R	鸣禽	3	LC	
34. 喜鹊 *Pica serica*	CS	R	鸣禽	3	LC	
35. 灰树鹊 *Dendrocitta formosae*	OS	R	鸣禽	3	LC	
36. 大嘴乌鸦 *Corvus macrorhynchos*	CS	R	鸣禽		LC	
（十七）山雀科 Paridae						
37. 远东山雀 *Parus minor*	OS	R	鸣禽	3	LC	
（十八）扇尾莺科 Cisticolidae						
38. 黄腹山鹪莺 *Prinia flaviventris*	OS	R	鸣禽	3	LC	
39. 纯色山鹪莺 *Prinia inornata*	OS	R	鸣禽	3	LC	
40. 长尾缝叶莺 *Orthotomus sutorius*	OS	R	鸣禽	3	LC	
（十九）树莺科 Cettiidae						
41. 鳞头树莺 *Urosphena squameiceps* △	OS	W	鸣禽	3	LC	
（二十）鹎科 Pycnonotidae						
42. 红耳鹎 *Pycnonotus jocosus*	OS	R	鸣禽	3	LC	
43. 白头鹎 *Pycnonotus sinensis*	OS	R	鸣禽	3	LC	
44. 白喉红臀鹎 *Pycnonotus aurigaster*	OS	R	鸣禽	3	LC	
45. 栗背短脚鹎 *Hemixos castanonotus*	OS	R	鸣禽	3	LC	
（二十一）柳莺科 Phylloscopidae						
46. 黄眉柳莺 *Phylloscopus inornatus* △	PS	W	鸣禽	3	LC	
（二十二）绣眼鸟科 Zosteropidae						
47. 暗绿绣眼鸟 *Zosterops simplex*	OS	R	鸣禽	3	LC	
48 栗颈凤鹛 *Staphida torqueola* △	OS	R	鸣禽	3	LC	

续表

物种	区系	居留型	生态类型	保护级别	受胁等级	CITES 附录
（二十三）幽鹛科 Pellorneidae						
49. 淡眉雀鹛 *Alcippe hueti*	OS	R	鸣禽	3	LC	
（二十四）噪鹛科 Leiothrichidae						
50. 画眉 *Garrulax canorus*	OS	R	鸣禽	二级	LC	II
51. 黑脸噪鹛 *Garrulax perspicillatus*	OS	R	鸣禽	3	LC	
52. 黑喉噪鹛 *Garrulax chinensis* △	OS	R	鸣禽	二级	LC	
53. 黑领噪鹛 *Garrulax pectoralis*	OS	R	鸣禽	3	LC	
（二十五）椋鸟科 Sturnidae						
54. 八哥 *Acridotheres cristatellus*	OS	R	鸣禽	3	LC	
55. 黑领椋鸟 *Gracupica nigricollis*	OS	R	鸣禽	3	LC	
（二十六）鸫科 Turdidae						
56. 虎斑地鸫 *Zoothera dauma* △	PS	W	鸣禽	3	LC	
57. 灰背鸫 *Turdus hortulorum*	PS	W	鸣禽	3	LC	
58. 乌灰鸫 *Turdus cardis* △	CS	W	鸣禽	3	LC	
59. 乌鸫 *Turdus mandarinus*	CS	R	鸣禽	3	LC	
60. 橙头地鸫 *Geokichla citrina* △	OS	P	鸣禽	3	LC	
（二十七）八色鸫科 Pittidae						
61. 仙八色鸫 *Pitta nympha* △	OS	S, P	鸣禽	二级	VU	II
（二十八）鹟科 Muscicapidae						
62. 红尾歌鸲 *Larvivora sibilans* △	OS	P	鸣禽	3	LC	
63. 红胁蓝尾鸲 *Tarsiger cyanurus*	PS	W	鸣禽	3	LC	
64. 鹊鸲 *Copsychus saularis*	OS	R	鸣禽	3	LC	
65. 北红尾鸲 *Phoenicurus auroreus*	PS	W	鸣禽	3	LC	
66. 紫啸鸫 *Myophonus caeruleus*	OS	R	鸣禽	3	LC	
（二十九）啄花鸟科 Dicaeidae						
67. 红胸啄花鸟 *Dicaeum ignipectus*	OS	R	鸣禽	3	LC	
（三十）花蜜鸟科 Nectariniidae						
68. 叉尾太阳鸟 *Aethopyga christinae*	OS	R	鸣禽	3	LC	
（三十一）梅花雀科 Estrildidae						
69. 白腰文鸟 *Lonchura striata*	OS	R	鸣禽	3	LC	
70. 斑文鸟 *Lonchura punctulata*	OS	R	鸣禽	3	LC	
（三十二）雀科 Passeridae						
71. 麻雀 *Passer montanus*	PS	R	鸣禽	3	LC	

续表

物种	区系	居留型	生态类型	保护级别	受胁等级	CITES 附录
（三十三）鹡鸰科 Motacillidae						
72. 灰鹡鸰 *Motacilla cinerea*	CS	W	鸣禽	3	LC	
73. 白鹡鸰 *Motacilla alba*	PS	R, W, P	鸣禽	3	LC	
74. 树鹨 *Anthus hodgsoni*	CS	W	鸣禽	3	LC	
75. 黄腹鹨 *Anthus rubescens* △	CS	W	鸣禽	3	LC	
（三十四）鹀科 Emberizidae						
76. 白眉鹀 *Emberiza tristrami* △	CS	W	鸣禽	S, 3	LC	
77. 三道眉草鹀 *Emberiza cioides* △	OS	R, W	鸣禽	S, 3	LC	

注 区系：OS——东洋界，PS——古北界，CS——广布种。居留型：R——留鸟，S——夏候鸟，W——冬候鸟，P——旅鸟。保护级别：二级——国家二级保护野生动物（2021），3—国家保护的有重要生态、科学、社会价值的陆生野生动物（2023），S——广东省重点保护野生动物（2021）；受胁等级：VU——易危，LC——低危，《IUCN濒危物种红色名录》(2023)。CITES（2019）附录：Ⅰ——CITES附录I，Ⅱ——CITES（2019）附录II。*——中国特有种。△——大岭山森林公园新记录。

本次调查的77种鸟类，约占广东省鸟类553种（邹发生 等，2016）的13.9%，约占中国鸟类1507种(郑光美，2023）的5.1%。其中，鸡形目1科1种，䴙䴘目1科1种，鸽形目1科3种，夜鹰目1科1种，鹃形目1科5种，鹤形目1科3种，鸻形目2科2种，鹈形目1科6种，鹰形目1科3种，鸮形目1科1种，佛法僧目1科2种，雀形目22科49种。以雀形目物种最为丰富，占比达63.6%；其次为鹈形目占7.8%，鹃形目占6.5%。鸟类各分类阶元组成详见表2-9。

表2-9 东莞市大岭山森林公园鸟类不同分类阶元组成

目	科数	种数	种数占比（%）
一、鸡形目 GALLIFORMES	1	1	1.3
二、䴙䴘目 PODICIPEDIFORMES	1	1	1.3
三、鸽形目 COLUMBIFORMES	1	3	3.9
四、夜鹰目 CARPRIMULGIFORMES	1	1	1.3
五、鹃形目 CUCULIFORMES	1	5	6.5
六、鹤形目 GRUIFORMES	1	3	3.9
七、鸻形目 CHARADRIFORMES	2	2	2.6
八、鹈形目 PELECANIFORMES	1	6	7.8
九、鹰形目 ACCIPITRIFORMES	1	3	3.9
十、鸮形目 STRIGIFORMES	1	1	1.3
十一、佛法僧目 CORACIIFORMES	1	2	2.6
十二、雀形目 PASSERIFORMES	22	49	63.6
合计	34	77	100

2. 分布型

大岭山森林公园的地理位置在中国动物地理区划中属于东洋界中印亚界华南区闽广沿海亚区，该区在自然保护区划上属于南亚热带常绿阔叶林及东部热带季雨林地带，主要分布热带森林、林灌草地和农田动物群。

结合样线调查和红外相机监测到的77种鸟类中，东洋界有52种，占调查到鸟类物种总数的67.5%；古北界物种有9种，占调查到鸟类物种总数的11.7%；广布种有16种，占比20.8%（表2-10）。区系组成以东洋界物种占优势，这与其所处的地理位置特征相符。

表2-10　东莞市大岭山森林公园鸟类区系组成

区系	种数量	占比（%）
广布种（CS）	16	20.8
东洋界物种（OS）	52	67.5
古北界物种（PS）	9	11.7
合计	77	100

3. 居留型

根据鸟类的居留情况，分为留鸟、旅鸟和候鸟；而针对鸟类在越冬、繁殖季节迁徙与否，又把候鸟分为夏候鸟和冬候鸟。在居留型组成上，留鸟（包括以留鸟为主）有52种，占调查到鸟类物种总数的67.5%；冬候鸟（包括以冬候鸟为主）16种，占调查到鸟类物种总数的20.8%；夏候鸟（包括以夏候鸟为主）7种，占调查到鸟类物种总数的9.1%；旅鸟2种，占比2.6%（图2-1）。

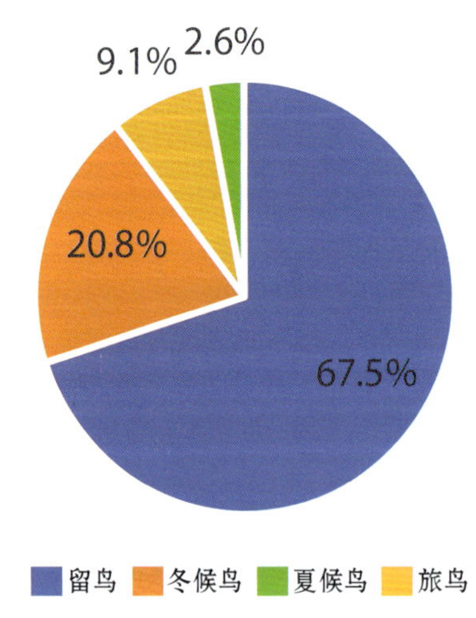

图2-1　东莞市大岭山森林公园鸟类居留型

4. 生态类群

根据鸟类的生态特征，将鸟类划分为七大生态类群，而中国有其中六个生态类群的分布，分别为游禽类、涉禽类、陆禽类、攀禽类、猛禽类和鸣禽类。调查到的77种鸟类，包含了该六大生态类群（图2-2）。

(1) 游禽

该类群鸟类适合在水中取食，喜欢在水上生活，脚向后伸，趾间有蹼，有扁阔的或尖喙，善丁游泳、

潜水和在水中掏取食物，大多数不善于在陆地上行走，但飞翔很快。大岭山森林公园仅调查到小䴙䴘*Tachybaptus ruficollis* 1种，主要在水库活动。

(2) 涉禽类

这是一类在滩涂或涉行于水中觅食的鸟类。大岭山森林公园范围内共调查到11种，占鸟类物种数的14.3%，如黑水鸡 、丘鹬 *Eurasian rusticola*、池鹭等。此类群在大岭山森林公园主要活动于水库、溪流边沼泽地以及临近水域的茂密林区等。

(3) 陆禽类

这一类群鸟类多栖息于陆地上或树上，常在地面游行取食。大岭山森林公园内调查到4种，包括鸡形目1种、鸽形目3种，占调查到鸟类物种数的5.2%，包括灰胸竹鸡*Bambusicola thoracicus*、山斑鸠*Streptopelia orientalis*、珠颈斑鸠、绿翅金鸠*Chalcophaps indica*。此类群在大岭山森林公园分布较广，灌丛、常绿阔叶林等都有记录。

(4) 攀禽类

这一类群不善步行，善于攀援，很少在地面活动，多在树洞、土洞中营巢。大岭山森林公园内调查到8种，包括鹃形目5种、佛法僧目2种，占调查到鸟类物种数的10.4%，如褐翅鸦鹃、大鹰鹃*Hierococcyx sparverioides*、普通翠鸟*Alcedo atthis*等。此类群在林地范围内广泛分布，主要活动于植被较好的乔木林、灌丛植被茂密区域或干扰较少的水域附近。

(5) 猛禽类

这类鸟类生性凶猛，喙强健有力，善于飞行，视力敏锐，具有锋利的爪，善于抓捕猎物，昼行或夜行，多在树上营巢，少数在地面营巢。大岭山森林公园内调查到4种，包括鹰形目3种、鸮形目1种，占调查到鸟类物种数的5.2%，为普通鵟 、蛇雕*Spilornis cheela*、凤头蜂鹰和领鸺鹠。此类物种多隐藏于生境较好的乔木林区，也见于山体间的枯枝上。

(6) 鸣禽类

这类鸟叫声婉转多变，善于营巢，中小体型，多成群活动。包括雀形目全部物种，共49种，占调查到鸟类物种数的63.6%。此类鸟分布在各个不同的生境中，前文所述的优势种基本全为雀形目物种，说明该类群是大岭山森林公园及周边区域鸟类的主体。

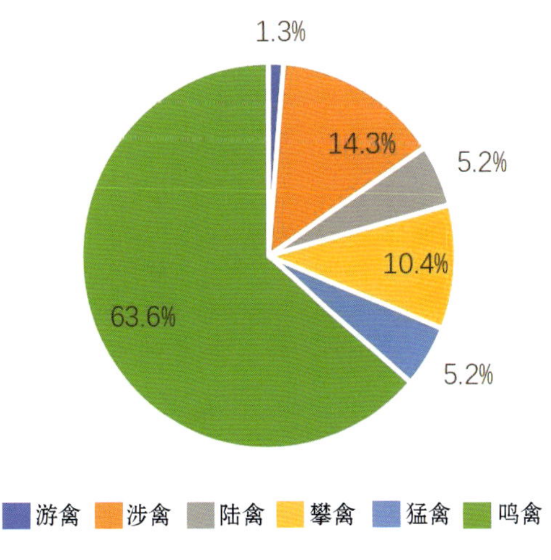

图 2-2　东莞市大岭山森林公园鸟类生态类群

5. 濒危和保护鸟类

调查到的77种鸟类中，国家二级保护野生动物11种，分别为褐翅鸦鹃、小鸦鹃、黑冠鳽、普通鵟、蛇雕、凤头蜂鹰、领鸺鹠、白胸翡翠、画眉、黑喉噪鹛、仙八色鸫；广东省重点保护野生动物9种；列入CITES附录I的有1种，附录II的有5种；列入《IUCN濒危物种红色名录》易危（VU）1种（表2-11）。

表2-11 东莞市大岭山森林公园珍稀濒危重点保护鸟类一览表

物种	保护级别
褐翅鸦鹃 *Centropus sinensis*	二级
小鸦鹃 *Centropus bengalensis*	二级
黑水鸡 *Gallinula chloropus*	省重
白喉斑秧鸡 *Rallina eurizonoides*	省重
黑翅长脚鹬 *Himantopus himantopus*	省重
池鹭 *Ardeola bacchus*	省重
大白鹭 *Ardea alba*	省重
中白鹭 *Ardea intermedia*	省重
白鹭 *Egretta garzetta*	省重
黑冠鳽 *Gorsachius melanolophus*	二级
栗苇鳽 *Ixobrychus cinnamomeus*	省重
普通鵟 *Buteo japonicus*	二级，附录 II
蛇雕 *Spilornis cheela*	二级，附录 II
凤头蜂鹰 *Pernis ptilorhynchus*	二级，附录 I
领鸺鹠 *Glaucidium brodiei*	二级，附录 II
白胸翡翠 *Halcyon smyrnensis*	二级，附录 II
画眉 *Garrulax canorus*	二级，附录 II
黑喉噪鹛 *Garrulax chinensis*	二级
仙八色鸫 *Pitta nympha*	二级 ,VU，附录 II
白眉鹀 *Emberiza tristrami*	省重
三道眉草鹀 *Emberiza cioides*	省重

注 二级——国家二级保护野生动物（2021）；省重——广东省重点保护野生动物（2023）；VU——易危，《IUCN濒危物种红色名录》(2023) 受胁等级；附录 I ——CITES（2019）附录I，附录II——CITES（2019）附录II。

6. 中国特有种及新增鸟类

本次调查到的77种鸟类中，中国特有种有1种，为灰胸竹鸡。比以往大岭山森林公园调查记录的鸟类名录新增22种鸟类，分别为：小䴙䴘、绿翅金鸠、黑水鸡、白喉斑秧鸡、黑翅长脚鹬、丘鹬、黑冠鳽、凤头蜂鹰、领鸺鹠、白胸翡翠、鳞头树莺 *Urosphena squameiceps*、黄眉柳莺 *Phylloscopus inornatus*、

栗颈凤鹛*Staphida torqueola*、黑喉噪鹛、虎斑地鸫、乌灰鸫、橙头地鸫*Geokichla citrina*、仙八色鸫、红尾歌鸲*Larvivora sibilans*、黄腹鹨*Anthus rubescen*、白眉鹀、三道眉草鹀。新记录的22种鸟类中，有6种为国家二级保护野生动物（黑冠鳽、凤头蜂鹰、领鸺鹠、白胸翡翠、黑喉噪鹛、仙八色鸫），5种为广东省重点保护动物（黑水鸡、白喉斑秧鸡、黑翅长脚鹬、白眉鹀、三道眉草鹀）。

五、野生爬行类

1. 物种组成

通过对大岭山市森林公园进行样线调查，本次共计调查到爬行动物18种，隶属于1目11科（表2-12），约占全国462种（蔡波 等，2015）的3.9%；约占广东省156种爬行动物（邹发生 等，2016）的11.5%。

表2-12 东莞市大岭山森林公园调查到的爬行类名录

物种	区系	生态类型	保护级别
一、有鳞目 SQUAMATA			
（一）壁虎科 Gekkonidae			
1. 中国壁虎 *Gekko chinensis**	S	T	3, LC
2. 原尾蜥虎 *Hemidactylus bowringii*	S	T	3, LC
（二）石龙子科 Scincidae			
3. 股鳞蜓蜥 *Sphenomorphus incognitus*	C-S	T	3, LC
4. 铜蜓蜥 *Sphenomorphus indicus*	C-S	T	3, LC
5. 中国棱蜥 *Tropidophorus sinicus* △	S	T	3, LC
6. 中国石龙子 *Plestiodon chinensis*	C-S	T	3, LC
7. 南滑蜥 *Scincella reevesii*	S	T	3, LC
（三）鬣蜥科 Agamidae			
8. 变色树蜥 *Calotes versicolor*	S	TA	3, LC
（四）盲蛇科 Typhlopidae			
9. 钩盲蛇 *Indotyphlops braminus*	C-S	T	3, LC
（五）钝头蛇科 Pareatidae			
10. 横纹钝头蛇 *Pareas margaritophorus* △	S	T	3, LC
（六）蝰科 Viperidae			
11. 白唇竹叶青蛇 *Trimeresurus albolabris*	C-S	T	3, LC
（七）屋蛇科 Lamprophiidae			
12. 紫沙蛇 *Psammodynastes pulverulentus*	S	T	3, LC

续表

物种名称	区系	生态类型	保护级别
（八）眼镜蛇科 Elapidae			
13. 舟山眼镜蛇 *Naja atra*	C-S	T	3, VU
14. 银环蛇 *Bungarus multicinctus*	C-S	T	3, LC
（九）水蛇科 Homalopsidae			
15. 中国水蛇 *Myrrophis chinensis* △	C-S	TQ	3, LC
（十）游蛇科 Colubridae			
16. 黄斑渔游蛇 *Xenochrophis flavipunctatus*	C-S	T	3, LC, III
17. 三索锦蛇 *Coelognathus radiatus* △	S	T	二级，LC
（十一）闪皮蛇科 Xenodermidae			
18. 棕脊蛇 *Achalinus rufescens* △	C-S	T	3, LC

注 区系：C-S——东洋界华中-华南区，S——东洋界华南区。生态类型：T——陆栖型，TQ——陆栖-静水型，TA——陆栖-树栖型。保护级别：二级——国家二级重点保护动物（2023）；3——国家保护的有益的或者有重要经济、科学研究价值的陆生野生动物（2023）。VU——易危，LC——无危，《IUCN濒危物种红色名录》(2023) 受胁等级；III——CITES（2019）附录III。*——中国特有种，△——代表大岭山森林公园新记录。

调查到的18种爬行类动物中，优势度指数前三的物种从高到低依次为中国壁虎*Gekko chinensis*（0.190）、黄斑渔游蛇（0.071）、变色树蜥（0.071）。

记录到的18种爬行动物中属于东洋界华中-华南区共有物种的有10种，包括股鳞蜓蜥*Sphenomorphus incognitus*、铜蜓蜥*Sphenomorphus indicus*、中国石龙子*Plestiodon chinensis*、钩盲蛇*Indotyphlops braminus*、白唇竹叶青蛇*Trimeresurus albolabris*、中国水蛇*Myrrophis chinensis*、舟山眼镜蛇*Naja atra*、银环蛇*Bungarus multicinctus*、黄斑渔游蛇、棕脊蛇*Achalinus rufescens*，占该区域爬行动物种数的55.6%；其余的8个物种属于东洋界华南区（图2-3）。区系组成以华中-华南区共有物种略占优势，华南区物种次之，表现出明显的南亚热带动物区系特点。

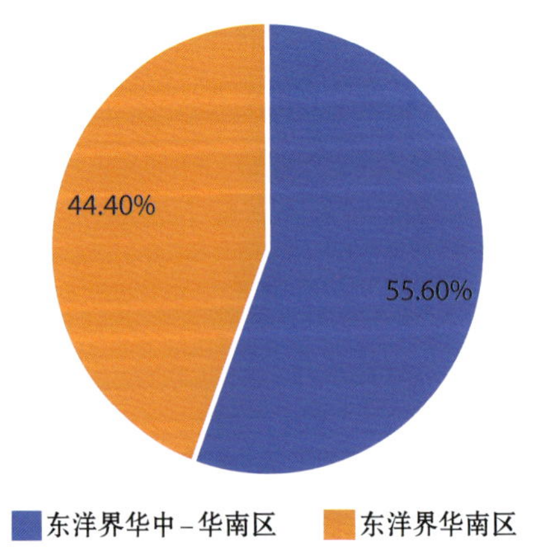

图 2-3　东莞市大岭山森林公园爬行类区系组成

依据爬行动物的主要栖息地，综合考虑将爬行类归为五个生态类型：①陆栖型（Terrestrial type，T）；②陆栖-静水型（Terrestrial & quiet water type，TQ）；③陆栖-流水型（Terrestrial & running water type，TR）；④树栖型（Arboreal type，A）；⑤陆栖-树栖型（Terrestrial & arboreal type，TA）(张永宏 等，2012)。

调查记录到的18种爬行动物，其中陆栖型有16种，约占该区域调查到的物种数88.9%；陆栖-静水型和陆栖-树栖型各有1种，分别为中国水蛇、变色树蜥，各占5.6%（图2-4）。由此可见，保护区的爬行类生态类型以陆栖型占优。

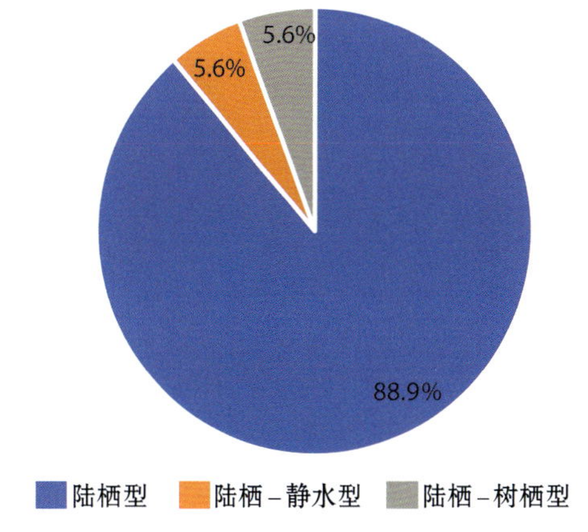

图 2-4　东莞市大岭山森林公园爬行类生态类型组成

2. 濒危和保护爬行类

大岭山森林公园的珍稀爬行类资源较为丰富，调查到的18种爬行类动物（表2-13），其中1种为国家二级保护野生动物（三索锦蛇），其余17种均属于中国“三有”保护动物；《IUCN红色濒危物种名录》濒危等级为易危（VU）的有1种，为舟山眼镜蛇；列入CITES附录III的有1种，为黄斑渔游蛇。

表 2-13　东莞市大岭山森林公园珍稀濒危重点保护爬行类一览表

序号	物种	保护级别
1	舟山眼镜蛇 *Naja atra*	VU
2	黄斑渔游蛇 *Xenochrophis flavipunctatus*	附录 III
3	三索锦蛇 *Coelognathus radiatus*	二级

注　二级——国家二级保护野生动物（2021）；VU——易危，《IUCN濒危物种红色名录》(2023）受胁等级；附录Ⅲ——CITES（2019）附录Ⅲ。

3. 新记录爬行类

此次调查18种爬行类动物，中国特有种有1种，为中国壁虎。发现大岭山森林公园爬行动物新增记录种5种：中国棱蜥 *Tropidophorus sinicus*、横纹钝头蛇 *Pareas margaritophorus*、中国水蛇、三索锦蛇、棕脊蛇。

六、野生两栖类

1. 物种组成

通过对大岭山森林公园开展两栖类样线调查，调查到10种，隶属于1目6科（表2-14）。约占全国已记录406种（费梁 等，2012）的2.5%；占广东省已记录75种（邹发生 等，2016）的13.3%。

表2-14 东莞市大岭山森林公园两栖类动物

物种	区系	生态类型	保护级别
一、无尾目 ANURA			
（一）角蟾科 Megophryidae			
1.东莞角蟾 *Panophrys dongguanensis** △	S	TQ	S, NA
（二）蟾蜍科 Bufonidae			
2.黑眶蟾蜍 *Duttaphrynus melanostictus*	OW	TQ	3, LC
（三）蛙科 Ranidae			
3.沼水蛙 *Hylarana guentheri*	OW	TQ	3, LC
4.大绿臭蛙 *Odorrana graminea*	C-S	TR	3, DD
（四）叉舌蛙科 Dicroglossidae			
5.泽陆蛙 *Fejervarya multistriata*	W	TQ	3, DD
6.小棘蛙 *Quasipaa exilispinosa** △	C-S	TQ	3, LC
（五）树蛙科 Rhacophoridae			
7.斑腿泛树蛙 *Polypedates megacephalus*	OW	A	3, LC
（六）姬蛙科 Microhylidds			
8.粗皮姬蛙 *Microhyla butleri*	S	TQ	3, LC
9.花狭口蛙 *Kaloula pulchra*	S	TQ	3, LC
10.花细狭口蛙 *Kalophrynus interlineatus* △	S	TQ	3, LC

注 区系：S——东洋界华南区物种，C-S——东洋界华中-华南区共有种，OW东洋界广布种，W广布种。生态类型：TQ——陆栖-静水型，TR——陆栖-流水型，A——树栖型。保护级别：3——国家保护的有益的或者有重要经济、科学研究价值的陆生野生动物（2023），S——广东省重点保护野生动物（2021），LC——无危，DD——数据不足，NA——未评估，《IUCN濒危物种红色名录》(2023）受胁等级。物种：*——中国特有种，△——大岭山森林公园新记录。

调查到的10种两栖类动物中，属于优势种的有3种，优势度指数从高到低依次为黑眶蟾蜍（0.61）、花狭口蛙（0.13）、沼水蛙（0.10）。

记录到的10种两栖动物中属于广布种的有1种，为泽陆蛙*Fejervarya multistriata*，占该区域调查到的两栖动物种数的10%；属于东洋界广布种的有3种，为黑眶蟾蜍、沼水蛙和斑腿泛树蛙*Polypedates*

megacephalus，占30%；属于东洋界华南区物种的有4种，为东莞角蟾、粗皮姬蛙*Microhyla butleri*、花狭口蛙和花细狭口蛙*Kalophrynus interlineatus*，占比最高，为40%；属于东洋界华中-华南区的物种有2种，为大绿臭蛙*Odorrana graminea*和小棘蛙*Quasipaa exilispinosa*，占20%（图2-5）。两栖动物区系组成以东洋界华南区物种居多，南亚热带动物区系特点明显。

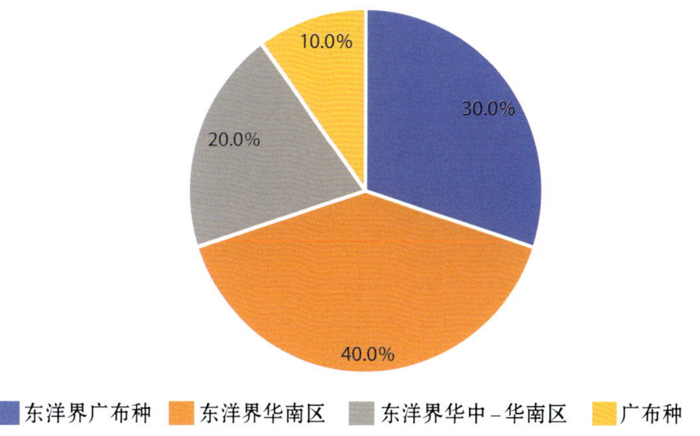

图2–5　东莞市大岭山森林公园两栖类区系组成

依据两栖类的主要栖息地，综合考虑产卵、蝌蚪及其幼体生活的水域状态，将两栖类归为五个生态类型：①静水型（Quiet water type，Q）：整个个体发育均要或完全在静水水域的种类；②陆栖–静水型（Terrestrial & quiet water type，TQ）：非繁殖期成体多营陆生而胚胎发育及变态在静水水域中的种类；③流水型（Running water type，R）：整个个体发育均要或完全在流水水域中的种类；④陆栖–流水型（Terrestrial & running water type，TR）：非繁殖期成体多营陆生而胚胎发育及变态在流水水域的种类；⑤树栖型（Arboreal type，A）：成体以树栖为主，胚胎发育及变态在静水水域的种类（刘松 等，2007；艾为明 等，2010；张永宏 等，2012）。

调查记录到的10种两栖动物，陆栖–静水型有8种，占比80%；陆栖–流水型有1种，为大绿臭蛙，占比10%；树栖型有1种，为斑腿泛树蛙，占比10%（图2-6）。由此可见，大岭山森林公园的两栖类生态类型以陆栖-静水型占优。

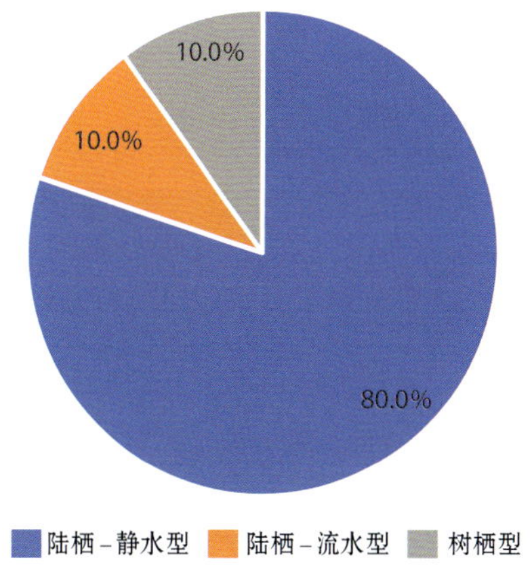

图2–6　东莞市大岭山森林公园两栖类生态类型组成

2. 濒危和保护两栖类

大岭山森林公园两栖类动物10种中，有1种列入广东省重点保护名录，为东莞角蟾（表2-15），列入《IUCN濒危动物红色名录》DD等级（数据缺乏）的有大绿臭蛙和泽陆蛙，而东莞角蟾为NA（未评估）。

表2-15　东莞市大岭山森林公园珍稀濒危重点保护两栖类一览表

物种	保护级别
东莞角蟾*Panophrys dongguanensis*	省重

注　省重—广东省重点保护野生动物。

3. 中国特有种和新记录两栖类

此次调查发现，大岭山森林公园调查到的两栖动物中属于中国特有种有2种，为东莞角蟾、小棘蛙；属于大岭山森林公园新记录种有3种，为东莞角蟾、小棘蛙和花细狭口蛙。

第三章

物种各论

一、陆生野生兽类

摄影/张礼标

劳亚食虫目 EULIPOTYPHLA

灰麝鼩 *Crocidura attenuata*

鼩鼱科 Soricidae

物种描述

识别特征： 体型相对小；头体长60~89 mm，尾长41~60 mm，体重6~12g。尾比头体长短（通常仅达60%~70%），尾色与体色相近。背毛烟棕色到浅灰黑色，逐渐到腹面呈深灰色，不同季节毛色有差异，夏季毛被较深。尾上面深棕色，下面较淡，但是反差不大。后足通常短于16 mm。相对容易被捕捉到。

生活习性： 栖息于中低海拔，多种栖息地可见，如低地雨林、竹林、草本植被、灌丛、山地森林、岩石、溪流边、耕地旁、荒草中等，夏季常在田坎穴局，秋冬季则常见于草垛下。夜间觅食。食物包括蚯蚓、蠕虫、其他昆虫等，也吃农作物种子，如麦、稻谷。每胎一般2~8仔，每年繁殖1~2次，繁殖期为3~10月。

分布： 中国南部。国外延伸到印度、尼泊尔、不丹、缅甸、泰国、越南和马来半岛。

种群状况： 常见种。

濒危和保护等级： 无。

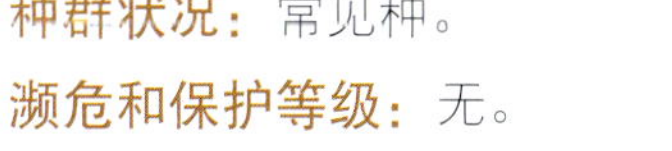

大岭山森林公园种群

种群数量： +。虽为常见种，但是在大岭山森林公园调查到的数量较少。

分布情况： 发现于马鞍山；为大岭山森林公园新记录物种。

环境特点： 生境多样，荒草、山林、溪流边、岩石等，尤喜草丛区域。

受胁因素： 环境污染，栖地破碎。

（摄影/张礼标）

啮齿目 RODENTIA

赤腹松鼠 *Callosciurus erythraeus*

松鼠科 Sciuridae

● 物种描述

识别特征： 体型相对较大；头体长175~240 mm，尾长146~267 mm，体重280~420 g。尾几与头体长相等或略超过，呈扩散带状蓬松明显，有黑色和棕黄色斑点，有时毛尖黑色。背毛橄榄色，腹毛鲜红色、棕色等多变，耳颜色与背部相同。吻相对较短。阴茎骨长，颅骨宽，眶间最窄处比颅全长的1/3稍长。

生活习性： 栖息于中低海拔，热带和亚热带森林或针阔混交林，在高树上用树叶筑巢，偶见地下筑巢(主要在冬季)。常见单独活动，主要在黎明及随后、黄昏前活动，善爬树，可灵敏地在林间跳跃，偶下地。食物包括坚果、浆果、昆虫等，有时也吃鸟蛋或幼雏。嗓音较高，可发出反捕声，雄性还发交配叫声（交配前发求偶声，交配后也发叫声)。繁殖率低，每胎一般1~2仔。

分布： 中国南部。国外延伸到印度、缅甸、泰国及中南半岛。

种群状况： 常见种。

濒危和保护等级： 国家“三有”动物①，CITES②附录III物种。

● 大岭山森林公园种群

种群数量： ++。种群数量较多，红外相机拍摄到72次独立有效照片。

分布情况： 在30个相机位点中有18个拍摄到，分布较广。

环境特点： 山林植被相对较好的区域。

受胁因素： 环境污染，栖地破碎、质量下降。

---

① 指国家保护的有重要生态、科学、社会价值的陆生野生动物（2023）。下同。

② 指《濒危野生动物植物种国际贸易公约》。下同。

（摄影/张礼标）

红腿长吻松鼠 *Dremomys pyrrhomerus*

松鼠科 Sciuridae

物种描述

识别特征： 比赤腹松鼠略小，头体长195~210 mm，尾长140~162 mm，后足长50~55 mm，耳长22~24 mm。尾毛并不十分蓬松，耳无簇毛；头吻部相对狭长，从基部向前逐渐变窄。股部浅红色斑显著，但是颊和颈侧没有明显的浅红色。背毛橄榄灰色，腹毛灰色至白色，耳后有淡黄色斑，尾上面灰白色到白色，下面亮红色。

生活习性： 分布海拔跨度较大，从低海拔至中高海拔。陆栖为主，也上树，栖息在岩洞中。白天活动，主要在地面搜寻果实和其他植物，也吃昆虫。5~8月产仔，每胎产2~5仔。

分布： 为中国特有种。中国中南部，包括海南、广东、广西、湖南、安徽、重庆、四川、贵州、湖北等。

种群状况： 常见种。

濒危和保护等级： 国家“三有”动物。

大岭山森林公园种群

种群数量： +。不如赤腹松鼠常见，种群数量相对少，红外相机仅拍摄到3次独立有效照片。

分布情况： 在30个相机位点中仅有3个位点拍摄到；为大岭山森林公园新记录物种。

环境特点： 植被较好的山林。

受胁因素： 环境污染，栖地破碎、质量下降。

红背鼯鼠 *Petaurista petaurista*

松鼠科 Sciuridae

● 物种描述

识别特征： 别名棕鼯鼠。体型大，头体长398~520 mm，尾长375~630 mm，后足长63~100 mm，耳长35~50 mm，体重1.6~2.5 kg。毛色鲜艳，背部毛色黄褐色，毛尖泛白，毛基灰色较暗；腹部毛色淡棕色；尾部与背部毛色相同，但有深棕色到黑色的毛尖。耳相对薄且几乎无毛，耳廓、眼周、下颚深棕色，非常显眼。

生活习性： 主要生活在中高海拔的常绿阔叶林、针阔混交林以及针叶林，善滑翔。在高树洞中或悬崖峭壁的洞穴中筑巢，夜行性为主，偶尔白天可见，黄昏时常听到鸣叫。植食性，食物包括杉树和松树嫩枝、叶、芽、苗等，以及多种果实。通常一胎产2仔。

分布： 中国南部，包括云南、西藏、四川、福建、广东、广西等。国外沿喜马拉雅山脉延伸，从阿富汗、巴基斯坦、印度和尼泊尔，通过缅甸和泰国，向南进入苏门答腊、爪哇、加里曼丹岛和马来西亚。

种群状况： 不常见。

濒危和保护等级： 广东省重点保护动物，国家“三有”动物。

● 大岭山森林公园种群

种群数量： +。偶见。

分布情况： 仅发现于鸡公仔；为大岭山森林公园新记录物种。

环境特点： 高大乔木。

受胁因素： 森林砍伐，栖地破碎。

（摄影/梁智健）

华南针毛鼠 *Niviventer huang*

鼠科 Muridae

物种描述

识别特征： 为针毛鼠一亚种（*N. fulvescens huang*）提升的独立种。体型中等，头体长131~172 mm，尾长160~221 mm，后足30~34 mm，尾长17~23 mm，体重60~135 mm。背腹毛色分界线明显，背毛黄色为主，但是变化较大；腹毛浅黄白色。尾长稍比头体长要长，双色，上面深棕色，下面浅白色。

生活习性： 农田交错带、林区常见的鼠类，陆栖，也善攀爬。杂食性，包括种子、浆果、昆虫等，以及绿色植物。

分布： 国内分布于广东、广西、海南、江西、福建、浙江、安徽、河南、陕西、甘肃、四川、香港、澳门等。国外从巴基斯坦延伸到中南半岛，向南到苏门答腊、爪哇、巴厘岛。

种群状况： 常见种。

濒危和保护等级： 无。

大岭山森林公园种群

种群数量： +++。在大岭山森林公园种群数量较大。

分布情况： 几乎全园有分布。

环境特点： 庄稼地、山林。

受胁因素： 化学农药滥用，植被破坏。

（摄影/张礼标）

黑缘齿鼠 *Rattus andamanensis*

鼠科 Muridae

物种描述

识别特征：体型相对较大，头体长128~185 mm，尾长172~222 mm，后足32~36 mm，耳长20~25 mm，体重125~155 g。毛被长且厚密，背毛以棕色为主，沿着背部中线有明显的黑色长针毛；腹毛与背毛显著差异，分界线明显，奶油白色为主。尾显著长于头体，深棕色。足背面也深棕色。

生活习性：通常生活在庄稼地、灌丛，也见于山体下部的林地；房屋周围也有分布。

分布：中国南部和西藏南部。国外延伸到中南半岛及泰国、缅甸和印度东北部。

种群状况：华南地区常见种。

濒危和保护等级：无。

大岭山森林公园种群

种群数量：+++。数量较多，为啮齿类的优势种。

分布情况：均有分布；为大岭山森林公园新记录物种。

环境特点：山林和房屋周围。

受胁因素：化学农药滥用，植被破坏。

（摄影/张礼标）

黄胸鼠 *Rattus tanezumi*

鼠科 Muridae

● 物种描述

识别特征：体型中等的鼠类，头体长105~215 mm，尾长120~230 mm，后足长26~35 mm，耳长17~23 mm。体毛短粗，背毛棕色且深浅各异，毛尖混杂浅棕色或黑色；腹部毛色与背毛没有明显分界线，毛基灰色，毛尖米黄色。尾长比头体长要长，棕色。足侧面和趾浅白色，中间位置具暗灰棕色斑。

生活习性：通常生活在村庄、城区的房屋内，善于攀爬，倾向于在屋顶活动；也见于农田周围。

分布：分布广，中国中部、南部常见，甚至到达新疆。分布从阿富汗东部延伸到印度、中国、朝鲜及中南半岛，但是这个种已经普遍传入业洲。

种群状况：常见种。

濒危和保护等级：无。

● 大岭山森林公园种群

种群数量：++。较为常见。

分布情况：发现于大水沥水库。

环境特点：房屋内及周边。

受胁因素：化学农药滥用，植被破坏。

（摄影/张礼标）

翼手目 CHIROPTERA

中华菊头蝠 *Rhinolophus sinicus*

菊头蝠科 Rhinolopidae

物种描述

识别特征：头体长43~53 mm；尾长21~30 mm；后足长7~10 mm；耳长15~20 mm；前臂长43~56 mm；颅全长18~23 mm。体型中等；类似鲁氏菊头蝠*R. rouxii*和托氏菊头蝠*R. thomasi*，但比鲁氏菊头蝠有相对长的翼；身体比托氏菊头蝠稍大；第三指和第二指节小于或接近于第一指节的1.5倍；翼膜附着在踵部；掌骨长，第三掌骨33~38 mm；马蹄叶两侧有附着的附叶；马蹄叶宽8~9.2 mm；鞍状叶两侧缘几乎平行，其顶端宽圆；连接叶低圆；顶叶上部细长；背毛基2/3为淡棕白色，毛尖浅红棕色；腹面浅棕白色；头骨的腭桥长大约是上齿列的1/3；上颌齿的前臼齿（P2）位于齿列外侧；下颌前臼齿（P2）和后臼齿（P4）的齿带通常彼此相接或稍分离。

生活习性：可分布于较高海拔（在印度可居于2800 m)。大部分栖息于山洞内，也可栖息于大石头底下的空隙，集群可达几百只，也可小群几只栖息。超声波主频为79~88 kHz，体型中小型，飞行灵活，常在林中觅食。为SARS (非典型肺炎) 病毒源头。

分布：国内分布于南部、西南部，包括云南、安徽、浙江、江苏、湖北、广东、贵州、西藏、福建、四川、重庆、广西、海南、香港、澳门。国外广布于印马界。

种群状况：中国南部相当普遍，常见种。

濒危和保护等级：无。

大岭山森林公园种群

种群数量：+。虽为常见种，但是在大岭山森林公园种群数量小。

分布情况：马鞍山的粪箕山排水渠、碧幽谷；为大岭山森林公园新记录物种。

环境特点：洞栖为主，喜于林内、林缘觅食。

受胁因素：洞穴旅游开发，生境破碎化。

（摄影/张礼标）

小蹄蝠 *Hipposideros pomona*

蹄蝠科 Hipposideridae

物种描述

识别特征： 头体长36~62 mm；尾长28~35 mm；后足长6~9 mm；耳长18~25 mm；前臂长38~43 mm；颅全长17~18 mm。体型小；耳很大和钝，前缘突出，后缘凹入，有一对小而低的对耳屏；鼻叶结构简单，无侧小叶；马蹄形前叶狭窄，中间无缺刻；背毛浅红棕色；腹面浅白棕色。头骨小，狭长；吻突稍延展；眶间区狭窄；颧弓凸出，低而小；P2很小，位于上齿列外侧。

生活习性： 对该种的资料少，因其分类混乱，在很多情况下难于把已发表的资料归入适当的物种中去。通常栖息于洞穴内，包括山洞、水利洞、防空洞等，也发现于废弃房屋等建筑物中。喜植被好的区域，以相对较小的昆虫为食。超声波主频120.8~129 kHz。

分布： 国内分布于南方，云南、广西、广东、福建、四川、湖南和海南岛。从中国延伸到印度，也见于马来西亚、菲律宾、印度尼西亚（苏门答腊岛、爪哇岛）及邻近岛屿。

种群状况： 一般。

濒危和保护等级： 濒危（EN）[①]。

大岭山森林公园种群

种群数量： +。在大溪水库泄洪道内，数量不足100只。

分布情况： 仅发现于大溪水库；为大岭山森林公园新记录物种。

环境特点： 洞栖，喜于林内觅食。

受胁因素： 洞穴旅游开发，生境破碎化。

①指《IUCN濒危物种红色名录》（2023）受胁等级。下同。

（摄影/张礼标）

霍氏鼠耳蝠 *Myotis horsfieldii*

蝙蝠科 Vespertilionidae

● 物种描述

识别特征： 头体长49~59 mm；尾长34~42 mm；后足长7~11 mm；耳长13~15 mm；前臂长36~42 mm。体型中等；背部毛色深棕色到黑色；腹面毛色深棕色，近尾部有浅灰色毛尖；翼膜附着于外跖部；耳圆而裸露；耳屏短而较宽；后足长超过胫长之半。头骨细弱，在背面轮廓浅的倾斜度；吻突粗壮，中间有浅凹；上颌P3位于齿列中或只是少插入。

生活习性： 生活于低纬度低海拔区域，栖息生境多样化，包括山洞、废弃隧道、下水道、建筑物内、桥下等，偶然也可见于树叶中。在水域附近、林内觅食，超声波为调频。常结小群，最大也不过百只左右。

分布： 国内分布于广东、海南和香港。国外分布于亚洲东南部。

种群状况： 局限区域内具有一定的种群数量。

濒危和保护等级： 无。

● 大岭山森林公园种群

种群数量： ++。在大岭山森林公园具有一定的种群数量。

分布情况： 林科园、南洞口、金马工业城、陈村、白石山水口庙等桥底或排水渠；为大岭山森林公园新记录物种。

环境特点： 栖息于桥底等建筑物裂缝内，也见于水利洞、山洞等。喜于水面上觅食。

受胁因素： 生境破碎化。

（摄影/张礼标）

华南水鼠耳蝠 *Myotis laniger*

蝙蝠科 Vespertilionidae

物种描述

识别特征： 前臂长34~36 mm，头体长40~42 mm，体重5~6 g。体型小，背毛深棕色，腹毛毛基深色，毛尖淡棕色或灰色，毛被短，面部有密毛，后足长稍长于胫长之半，无距缘膜，翼膜附着于趾基。头骨纤弱，上臼齿有明显的上原尖，小前臼齿完全在齿列中，上犬齿有小的齿带。

生活习性： 生活于中低海拔，通常靠近水域，白天栖息于建筑物裂缝、山洞、水利洞等，黄昏和凌晨两次觅食高峰期，喜欢在水面觅食，飞行速度快。每年繁殖一次，每次产一个仔，通常于5月底6月初产仔，哺乳期3~4周。

分布： 国内分布于广东、重庆、贵州、四川、云南、安徽、福建、江苏、江西、台湾、浙江、海南。国外分布于老挝、越南、印度。

种群状况： 较为常见。

濒危和保护等级： 无。

大岭山森林公园种群

种群数量： +。在大岭山森林公园多个地点有分布，但种群数量不大。

分布情况： 发现于林科园、马草塘水库、瓦窑山、碧幽谷、金马工业城、陈村等桥底或涵洞；为大岭山森林公园新记录物种。

环境特点： 栖息于建筑物裂缝或洞穴内，喜于水面觅食。

受胁因素： 化学农药滥用，洞穴旅游开发。

（摄影/张礼标）

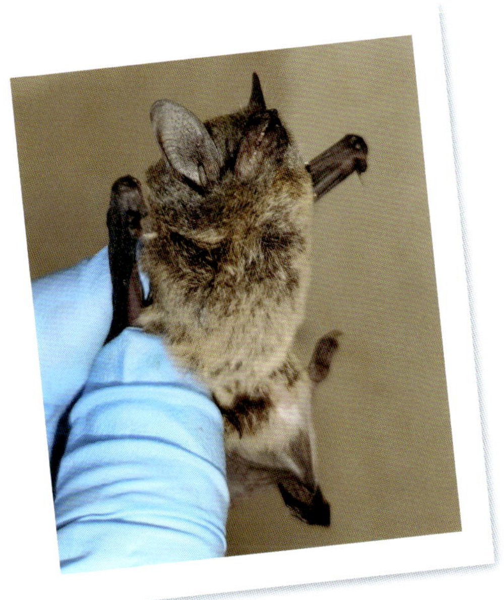

灰伏翼 *Hypsugo pulveratus*

蝙蝠科 Vespertilionidae

● 物种描述

识别特征： 前臂长33~37 mm，头体长40~48 mm，体重5~6 g。体型相对较小。耳相对狭窄，耳缘稍微泛白（与金背伏翼属 *Arielulus* 物种有点相似，但没有那么显著），耳屏短宽，高度占耳的1/3，翼膜附着于趾基。阴茎骨相对较短，粗壮杆状，基部和端部略微膨大。背毛色暗，近乎浅黑棕色，毛尖轻微的金黄褐色；腹面毛色相对较淡，近乎棕色，毛尖有点灰白。头骨低而长，但脑颅部凸出，后部区域宽，眶上部位不宽；吻突长但不宽，其前凹较浅，无中凹，浅后凹位于眶前上方。头盖骨略显突起，前颌骨并不缩短，颧弓发达，颧骨略微隆起；眶上突发达。上腭长度比宽度要大，上齿列不收敛，几乎平行。上颌小前臼齿P2不退化，齿冠大小与外门齿i3相等，稍微往齿列内入侵，被犬齿与P4紧紧压迫着，从侧面可见；犬齿单齿尖。下颌三枚门齿边缘相互重叠，i3略大；P2齿冠面积略小于P4之半，高度为后者的1/2~3/4。

生活习性： 主要生活在中低海拔，栖息于建筑物裂缝内，生活习性与东亚伏翼相似。

分布： 国内分布于安徽、上海、福建、广东、广西、香港、海南、云南、四川、重庆、陕西、湖南、贵州和江苏。国外分布于越南、老挝和泰国。

种群状况： 较为常见。

濒危和保护等级： 无。

● 大岭山森林公园种群

种群数量： +。在大岭山森林公园种群数量不大。

分布情况： 发现于金马工业城、赤岗骏马路；为大岭山森林公园新记录物种。

环境特点： 主要栖息于桥底裂缝内，在相对开阔的生境觅食。

受胁因素： 化学农药滥用，老旧建筑物减少。

（摄影/张礼标）

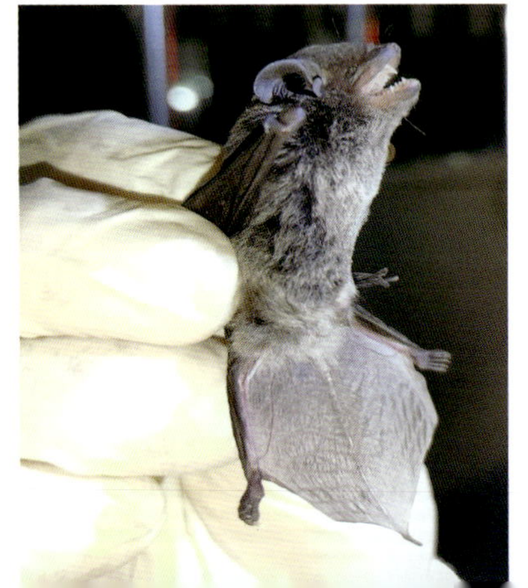

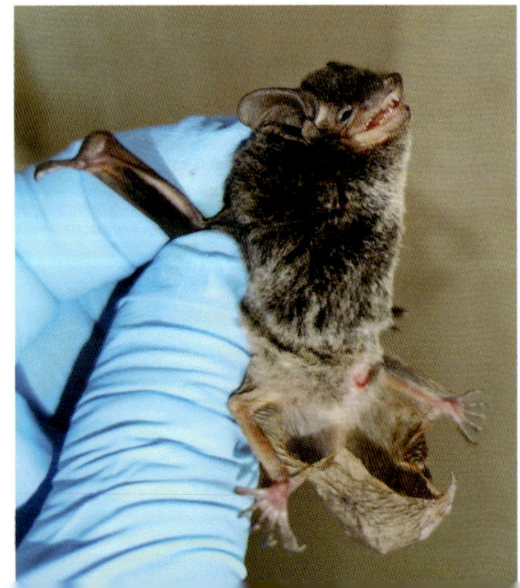

卡氏伏翼 *Hypsugo cadornae*

蝙蝠科 Vespertilionidae

物种描述

识别特征： 体型较小，前臂长35~39 mm，头体长42~53 mm，体重5~6 g，体型比东亚伏翼略大。吻鼻部被短而稀的绒毛。耳中等，耳尖钝圆，深棕褐色；耳屏宽阔，不及耳长之半，端部钝或稍尖，前端稍凸，后部稍凹。翼膜为均一的深棕色，基本无毛。阴茎骨小，倒"Y"形，基部分叉，杆部较短。毛长度中等而密生，背毛黄褐色，毛尖有点橙色，头和背几乎均有橙色光泽；腹面为均一的黄棕色；毛略有双色，毛基比毛尖稍深。头骨大，额凹显著；吻突宽短。脑颅圆滑，颧弓粗，无矢状脊。上颌犬齿强大，为整个齿列中最高一枚，其后缘无后齿突。上小前臼齿P2大小差异较大，位于齿列内侧，偶尔可能缺失，或者仅在一侧出现。P4与犬齿相接触。下颌P2小，其高约为P4的1/2。

生活习性： 建筑物栖息或树栖，其他习性所知甚少。

分布： 为2021年发表的中国新记录物种，目前在国内仅发现于广东。国外分布于老挝、缅甸、泰国、印度、越南。

种群状况： 较为少见。

濒危和保护等级： 无。

大岭山森林公园种群

种群数量： +。种群数量较少。

分布情况： 仅发现于金马工业城；为大岭山森林公园新记录物种。

环境特点： 发现于高速桥底裂缝内，觅食环境与东亚伏翼可能有重叠。

受胁因素： 化学农药滥用，栖息地丧失。

（摄影/张礼标）

东亚伏翼 *Pipistrellus abramus*

蝙蝠科 Vespertilionidae

● 物种描述

识别特征：体型小，前臂长31~36 mm，颅全长12.2~13.4 mm，体重5~6 g。耳正常，耳屏条状，翼膜始自趾基部；阴茎骨长约10 mm；背毛灰褐色或棕褐色。头骨很宽；颧弓纤细；吻突宽扁；上颌内门齿齿冠双叉形；小前臼齿P2大小约等于外门齿，但小于内门齿；每枚犬齿后有1个小齿尖。

生活习性：主要栖息在建筑物裂缝内，包括房屋、桥梁，偶见于路灯缝隙内、树洞等。黄昏和凌晨是觅食高峰期，每次觅食持续约半个小时，喜欢在房前屋后、庄稼地、草坪、水塘、河流上空以及路灯周围捕食小型昆虫，如双翅目、鞘翅目、膜翅目、半翅目等昆虫。每年繁殖一次，每次产1~2仔，通常于5月底6月初产仔，哺乳期3~4周。

分布：广布于东部大半个中国，包括内蒙古、黑龙江、辽宁、河北、天津、山西、江苏、甘肃、四川、云南、山东、安徽、浙江、湖北、湖南、广西、福建、台湾、江西、广东、香港、澳门、贵州、西藏、陕西和海南。国外分布于亚洲东部：乌苏里江南部地区（中国和俄罗斯）、日本南部和中部、朝鲜、越南、缅甸、印度。

种群状况：常见种。

濒危和保护等级：无。

● 大岭山森林公园种群

种群数量：+++。种群数量大，为大岭山森林公园内蝙蝠种群数量最大的物种。

分布情况：发现于瓦窑山、南洞口、金马工业城、陈村、赤岗骏马路等；为大岭山森林公园新记录物种。

环境特点：主要栖息在桥底和房屋裂缝内，在相对开阔的区域觅食。

受胁因素：化学农药滥用，老旧建筑物减少。

（摄影/张礼标）

普通伏翼 *Pipistrellus pipistrellus*

蝙蝠科 Vespertilionidae

物种描述

识别特征：体型小，比东亚伏翼略小，前臂长31.5~35.2 mm，颅全长10.5 mm，体重4~5 g。耳正常，耳屏条形略宽短；稍有距缘膜；毛被浅黑灰色，接近体侧较浅；毛基乌黑色，毛尖略偏黄褐色。头骨狭窄；脑颅稍升高，上颌小前臼齿P2稍低于外门齿，位于齿列内侧，与犬齿和大前臼齿P4接触。

生活习性：与东亚伏翼相似。

分布：国内分布于南部、东南部、西部，包括新疆、云南、四川、江西、陕西、山东、浙江、广西、广东、澳门、台湾。国外分布从英国、爱尔兰，到欧洲大陆西部，再向东延续到中亚，向南到达印度和中南半岛，最北则到达俄罗斯西部。

种群状况：较少见。

濒危和保护等级：无。

大岭山森林公园种群

种群数量：+。种群数量少。

分布情况：仅发现于南洞口。

环境特点：主要栖息在桥底和房屋裂缝内，在相对开阔的区域觅食。

受胁因素：化学农药滥用，老旧建筑物减少。

（摄影/张礼标）

侏伏翼 *Pipistrellus tenuis*

蝙蝠科 Vespertilionidae

● 物种描述

识别特征： 体型很小，前臂长30.2~32.2 mm，颅全长10.4~12.5 mm，体重4~5 g，体型比普通伏翼略小。面部裸露，鼻略呈管状，鼻孔向两外侧倾斜；吻鼻和面部微具短毛、近乎裸出；耳较大，但前折不能触及吻部，顶端钝圆；耳屏不足耳长之半，前端稍向吻部弯曲，顶端钝圆。翼膜止于趾基，有距缘膜，但不明显。阴茎长6~7 mm。额毛致密，青黑色；颈背、背部和臀部较额部浅，深褐色，毛尖微棕，腹较背色淡，多浅灰色。头骨纤细，脑颅较小，扁平。吻狭窄，颅顶最高处位于听泡垂直线上方，枕骨后部高凸，颧弓细弱。第一上前臼齿P2向内侧偏移并与上犬齿的基部充分接触；第二上前臼齿P4齿基内侧有一小附尖。

生活习性： 与东亚伏翼相似。

分布： 国内分布于云南、贵州、福建、广东、海南。国外分布于印度、缅甸、中南半岛、马来群岛、菲律宾和澳大利亚北部。

种群状况： 较少见。

濒危和保护等级： 无。

● 大岭山森林公园种群

种群数量： +。在大岭山森林公园种群数量少。

分布情况： 仅发现于金马工业城；为大岭山森林公园新记录物种。

环境特点： 主要栖息在桥底和房屋裂缝内，在相对开阔的区域觅食。

受胁因素： 化学农药滥用，老旧建筑物减少。

（摄影/张礼标）

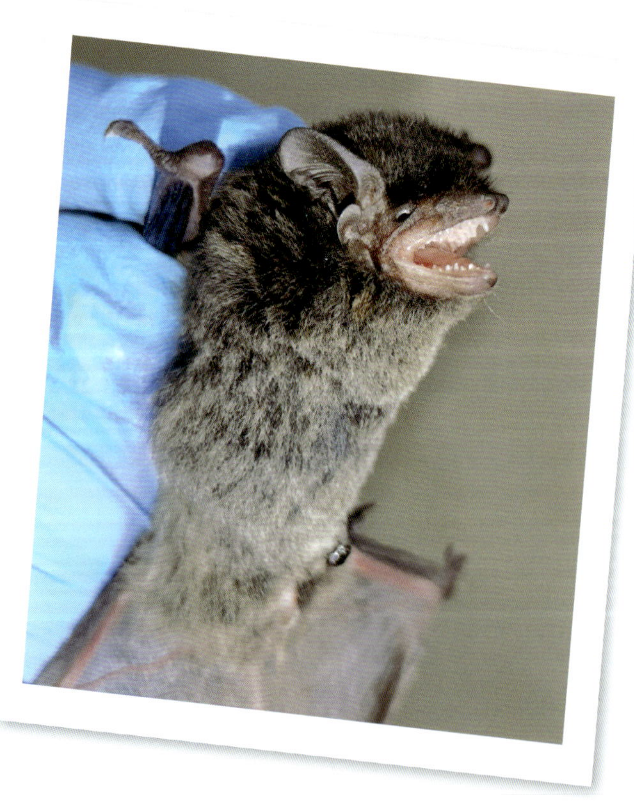

华南扁颅蝠 *Tylonycteris fulvida*

蝙蝠科 Vespertilionidae

物种描述

识别特征：曾叫扁颅蝠*T. pachypus*，体型很小，中国最小蝙蝠之一；前臂长25~29 mm，颅全长11 mm，体重3~4 g。毛基浅黄棕色；毛尖深棕色；腹面浅棕黄色；翼膜附着于趾基；耳宽圆形；耳屏短、宽。头骨显著扁平；头骨的眶上突不发达；人字脊发达，下门齿三尖形。

生活习性：主要生活于亚热带、热带的低海拔地区，白天栖息于竹筒内，头颅扁平，前臂和后足肉质垫具吸附能力，适合在竹筒内爬行。通常一雄多雌栖息在竹筒内，也有独居雄性，或者多个单身雄性聚群栖息。以小型昆虫如膜翅目、双翅目和鞘翅目为主要食物，每晚的黄昏和凌晨各有一个觅食高峰期，觅食时间短（通常20分钟）。每年的5月底6月初产仔，为双胞胎。妊娠期3个月，小崽出生后3周可飞行。

分布：国内分布于云南、贵州、广东、广西、香港、澳门。国外分布于东南亚。

种群状况：较为常见。

濒危和保护等级：无。

大岭山森林公园种群

种群数量：+。在大岭山森林公园种群数量不大。

分布情况：仅发现于林科园；为大岭山森林公园新记录物种。

环境特点：栖息于竹筒内，喜于林缘、庄稼地、房前屋后等相对开阔区域觅食。

受胁因素：化学农药滥用，竹林砍伐，生境破碎化。

（摄影/张礼标）

托京褐扁颅蝠 *Tylonycteris tonkinensis*

蝙蝠科 Vespertilionidae

● 物种描述

识别特征： 曾叫褐扁颅蝠 *T. robustula*，体型比华南扁颅蝠略大，前臂长26~29 mm，头体长40~44 mm，体重4~5 g。体型比华南扁颅蝠略大，毛色深棕至褐，喉部和腹部毛色略浅。翼膜附着于趾基，耳宽圆形，耳屏短、宽。头骨显著扁平，头骨吻突和脑颅比扁颅蝠宽；眶上突发达，人字脊不发达，鼻凹延伸到眶下孔水平线。

生活习性： 与华南扁颅蝠相似。

分布： 国内分布于贵州、四川、云南、江西、广东、广西、海南和香港。国外分布于越南、老挝和缅甸。

种群状况： 较为常见。

濒危和保护等级： 无。

● 大岭山森林公园种群

种群数量： +。在大岭山森林公园种群数量不大。

分布情况： 仅发现于林科园；为大岭山森林公园新记录物种。

环境特点： 栖息于竹筒内，喜于林缘、庄稼地、房前屋后等相对开阔区域觅食。

受胁因素： 化学农药滥用，竹林砍伐，生境破碎化。

（摄影/张礼标）

食肉目 CARNIVORA

鼬獾 *Melogale moschata*

鼬科 Mustelidae

物种描述

识别特征：体短小肥胖。吻鼻尖长，爪侧扁而弯曲，前爪大而强健，适于挖掘。两眼间具方形白斑，眼至耳下有一白纹，上唇及鼻两侧白色，耳内、耳侧白色，耳背与体背同色。体背棕灰色、暗紫色、棕褐色，后头至肩有一白色脊纹；腹毛苍白色或黄白色；尾部针毛毛尖灰白色或乳黄色。阴茎骨末端呈三列。

生活习性：夜行性，穴居，行动较迟钝，杂食性。

分布：国内分布于长江流域以南的华东、华南及西南地区。国外分布于印度、老挝、缅甸、越南。

种群状况：常见种。

濒危和保护等级：国家“三有”动物。

大岭山森林公园种群

种群数量：++。种群数量较大。

分布情况：在大岭山森林公园30台红外相机中的14个位点拍摄到90次。大部分山林有分布。

环境特点：山林。

受胁因素：人为猎杀，生境破碎化。

（摄影/王英勇）

花面狸 *Paguma larvata*

灵猫科 Viverridae

物种描述

识别特征：头体长400~690 mm，尾长350~600 mm，体重3~7 kg。四肢较粗短，爪略具伸缩性。体背和四肢大部分灰棕色或棕黄色。面部中央自吻鼻至枕后有一较宽的白色棉纹，面侧尚有白斑。通体无斑纹和斑点。腹部灰黄色或苍白色。尾相对较长，尾基部棕黑色，尾端黑色。四足黑褐色，足垫呈颗粒状或鳞片状。

生活习性：夜行性、杂食性，常见独居，偶见多只群居。

分布：国内分布于云南、湖南、江苏、广西、江西、福建、河南、陕西、安徽、湖北、山西、海南、浙江、甘肃、四川、山东、广东、贵州、台湾、西藏、北京。国外分布于中南半岛、印度尼西亚、缅甸、印度、不丹和尼泊尔。

种群状况：常见种。

濒危和保护等级：国家“三有”动物，CITES附录Ⅲ物种。

大岭山森林公园种群

种群数量：+。虽为常见种，但是在大岭山森林公园的种群量数量少。

分布情况：30台红外相机中2个位点拍摄到3次花面狸，发现于大溪水库和松山。从拍摄时间看，在大岭山森林公园整晚活动，活动高峰期在下半夜。

环境特点：林区，常远离人类活动区域。

受胁因素：人为猎杀，生境破碎化。

（摄影/邱杰君）

豹猫 *Prionailurus bengalensis*

猫科 Felidae

物种描述

识别特征： 通体浅棕色或淡黄色。自头顶至肩部有4条棕黑色纵纹，中间2条断续延至尾基。颏部具2条白色窄纹，眼上方有白斑。体背遍布大小不等的棕黑色、棕红色或褐色斑点，尾具棕黑和灰白相间的斑点和半环。

生活习性： 多为夜间活动，偶尔也在白天活动觅食。

分布： 国内分布于全国各地。国外分布于阿富汗、孟加拉国、不丹、文莱、柬埔寨、印度、印度尼西亚、日本、朝鲜、韩国、老挝、马来西亚、缅甸、尼泊尔、巴基斯坦、菲律宾、俄罗斯、新加坡、泰国、越南。

种群状况： 常见种。

濒危和保护等级： 国家二级保护野生动物，CITES附录Ⅱ物种。

大岭山森林公园种群

种群数量： +++。种群量较大。

分布情况： 在布设的30台红外相机中均有拍摄到，拍摄到165次，分布较广。

环境特点： 地山丘陵林地，市区公园、红树林河口湿地。

受胁因素： 栖息地逐渐减少、破碎化甚至丧失，食物资源减少。

（摄影/张礼标）

鲸偶蹄目 CETARTIODACTAYLA

野猪 *Sus scrofa*

猪科 Suidae

物种描述

识别特征： 吻鼻部尖长而前突，颜面部斜直。雄猪具长而外翘的犬牙。耳小而直立，尾短小，肩高大于臀高。全身被硬针毛，背部鬃毛显著，针毛和鬃毛毛尖均分叉。针毛基部黑褐色，毛尖棕黄色或灰白色。额部棕黄色。眼周及耳背黑褐色。吻部黑褐色，吻中央有一白色横纹，并向两颊延伸形成白色颊纹。体背黑褐色或赭黄色，腹部黄白色，四肢上部棕黄色，杂有少量黄白色毛，下部至蹄黑色，尾棕黄色，雌猪色稍浅。幼猪体背数条黄白色纵行条纹。

生活习性： 杂食性，夜行性，白天也会外出活动。

分布： 国内广泛分布于全国各地。国外分布于东亚、东南亚、中亚、南亚、中东、非洲北部及地中海沿岸、欧洲斯堪的纳维亚南部、中东欧、西欧、伊比利亚和不列颠群岛。

种群状况： 常见种。

濒危和保护等级： 无。

大岭山森林公园种群

种群数量： +++。种群数量较大。

分布情况： 在大岭山森林公园内布设的30台红外相机中有28台拍摄到314次，分布广。

环境特点： 从低海拔到中高海拔的多种生境，甚至靠近人居环境、庄稼地等。

受胁因素： 人为猎杀，生境破碎化。但由于缺乏天敌，野猪种群数量正不断扩大。

（摄影/张礼标）

二、野生鸟类

摄影/水 幽 邱杰君

鸡形目 GALLIFORMES

灰胸竹鸡 *Bambusicola thoracicus*

雉科 Phasianidae

物种描述

识别特征： 中等体型鹑类，雌雄相似，额、眉纹及胸部蓝灰色，喙褐色或者黑色，脚绿灰色，虹膜红褐色，雄性脚上有距。鸣叫声响亮尖锐，繁殖期常鸣叫，雄性声调酷似"聚宝盘、聚宝盘"，雌性则单调短声。

生活习性： 冬季成群活动，繁殖季则分散，有较固定的活动范围、觅食地及栖息地。栖息于灌丛、草丛、矮树丛。以植物种子、嫩叶嫩芽、蚂蚁、白蚁等其他无脊椎动物为食。

分布： 中国特有种。分布于长江流域以南，北至陕西，西至四川，东至福建、台湾。

种群状况： 常见种。

濒危和保护等级： 国家"三有"动物。

大岭山森林公园种群

种群数量： +++。种群量较大。

分布情况： 在布设的30台红外相机中2台拍摄到4次，发现于大板水库及松山。

环境特点： 山林。

受胁因素： 人为干扰。

（摄影/水　幽、邱杰君）

䴙䴘目 PODICIPEDIFORMES

小䴙䴘 *Tachybaptus ruficollis*

䴙䴘科 Podicipedidae

● 物种描述

识别特征：体型短胖，喙裂和虹膜黄色。尾短，绒毛状，看似没尾巴。繁殖羽：上体黑褐色，下体灰色。非繁殖羽：上体灰褐色，下体白色。最常见的水鸟之一。

生活习性：栖息于池塘、湖泊、水库、沼泽中。通常白天觅食，潜水捕食各种小型鱼类、虾类、蝌蚪，水生昆虫以及软体动物和水草。

分布：国内主要分布于华南、华中、华东等地。国外分布于欧洲、亚洲、非洲等。

种群状况：常见种。

濒危和保护等级：国家“三有”动物。

● 大岭山森林公园种群

种群数量：+。种群量较少。

分布情况：发现于沙溪水库、灯心塘水库、金鸡咀水库；为大岭山森林公园新记录物种。

环境特点：水塘、湖泊。

受胁因素：环境污染。

（摄影/邱杰君）

鸽形目 COLUMBIFORMES

珠颈斑鸠 *Spilopelia chinensis*

鸠鸽科 Columbidae

● 物种描述

识别特征：雌雄相似，头部灰色，上体灰褐色，下体粉色。成鸟颈后布满黑白点珠花斑块，亚成鸟则没有。飞行时尾末端两边白色。

生活习性：常见的留鸟，栖息于低山丘陵、草地、农田，一般在地面觅食，主要以植物种子、农作物种子为食，偶尔也吃蜗牛、昆虫等。珠颈斑鸠繁殖期为5~7月，巢主要是细小树枝堆积而成，比较粗陋，构架疏松。一次产蛋两枚，雌雄轮流孵化，孵化器18天左右，育雏期大约两个星期小斑鸠就离巢。

分布：国内分布于北京、天津、河北、山东、河南、山西、陕西、内蒙古、宁夏、甘肃、青海、云南、四川、重庆、贵州、湖北、湖南、安徽、江西、江苏、上海、浙江、福建、广东、香港、澳门、广西、台湾、海南。国外分布于南亚、东南亚地区。

种群状况：常见种。

濒危和保护等级：国家“三有”动物。

● 大岭山森林公园种群

种群数量：+++。种群量较大。

分布情况：在布设的30台红外相机中19台拍摄到119次，在调查的11条样线中均有发现。分布较广。

环境特点：稀疏树林。

受胁因素：人为干扰。

（摄影/邱杰君）

山斑鸠 *Streptopelia orientalis*

鸠鸽科 Columbidae

物种描述

识别特征：偏红褐色的斑鸠，颈侧明显黑色横纹和蓝灰色斑块，腰间灰色，尾偏黑色，尾梢灰白端斑，起飞时有急促“pu-pu-pu”声。山斑鸠和珠颈斑鸠在食物、活动地方、夜栖息等方面基本相近。

生活习性：常栖息果树园地、林缘、农田及村落附近，一般在地面觅食，主要以植物种子、嫩叶嫩芽、农作物种子为食，偶尔也吃甲虫、昆虫等。

分布：国内各省份均有分布。国外分布于阿富汗、孟加拉国、不丹、柬埔寨、印度、伊朗、日本、哈萨克斯坦、韩国、朝鲜、吉尔吉斯斯坦、老挝、蒙古国、缅甸、尼泊尔、巴基斯坦、俄罗斯、塔吉克斯坦、泰国、土库曼斯坦、乌兹别克斯坦、越南。

种群状况：比较普遍，但不太常见。

濒危和保护等级：国家“三有”动物。

大岭山森林公园种群

种群数量：+。在大岭山森林公园种群数量不大。

分布情况：冬候鸟或旅鸟，大岭山见于秋末或冬季。在30台红外相机中5台拍摄到13次。

环境特点：稀疏树林。

受胁因素：人为干扰。

（摄影/邱杰君）

绿翅金鸠 *Chalcophaps indica*

鸠鸽科 Columbidae

● 物种描述

识别特征：眉线白色，头顶至颈后灰色，下体粉红色，两翼具有鲜绿色。雌鸟头顶无灰色，无眉纹。飞行时背部明显的黑白两色横纹。

生活习性：栖息于山间小路、阔叶林。飞行快，可以不断改变方向，曲线飞行，因此能出色地飞穿在森林中。主要在地面觅食，以植物种子、农作物种子为食，偶尔也吃蚁类、昆虫等。

分布：国内分布于西藏、云南、四川、江西、广东、香港、澳门、广西、海南、台湾。国外分布于澳大利亚（诺福克岛）、孟加拉国、不丹、文莱、柬埔寨、基里巴斯（圣诞岛）、印度、印度尼西亚、日本、老挝、马来西亚、缅甸、尼泊尔、新喀里多尼亚、巴布亚新几内亚、菲律宾、新加坡、斯里兰卡、泰国、东帝汶、瓦努阿图、越南。偶见于波多黎各。

种群状况：较为少见。

濒危和保护等级：国家“三有”动物。

● 大岭山森林公园种群

种群数量：+。数量一般。

分布情况：在30台红外相机中7台拍摄到45次；为大岭山森林公园新记录物种。

环境特点：山地森林。

受胁因素：森林开发。

（摄影/谢志伟）

夜鹰目 CARPRIMULGIFORMES

小白腰雨燕 *Apus nipalensis*

雨燕科 Apodidae

物种描述

识别特征：小型鸟类，喉部和腰部白色，尾部凹型，几乎平尾状。小白腰雨燕比白腰雨燕体型更小，色彩较深，喉部和腰部更白，白腰雨燕尾部为分叉型。

生活习性：主要栖息于空阔的悬崖、建筑物、林区，成群活动，叫声响亮，尤其在黄昏时，飞行迅疾且发出快速重复响亮的叫声。筑巢多见于洞穴口、悬崖、峭壁、屋檐。空中捕食，主要以各种昆虫为食。

分布：国内分布于山东、云南、四川、贵州、江苏、上海、浙江、福建、广东、香港、澳门、广西、海南、台湾。国外分布于不丹、文莱、孟加拉国、柬埔寨、印度、印度尼西亚、日本、韩国、老挝、马来西亚、缅甸、尼泊尔、菲律宾、新加坡、泰国和越南。

种群状况：较为常见。

濒危和保护等级：国家“三有”动物。

大岭山森林公园种群

种群数量：+。数量较少。

分布情况：发现于白石山。

环境特点：栖息于悬崖峭壁、洞穴口。

受胁因素：洞穴开发。

（摄影/丁向运）

鹃形目 CUCULIFORMES

小鸦鹃 *Centropus bengalensis*

杜鹃科 Cuculidae

● 物种描述

识别特征： 与褐翅鸦鹃外形比较近似，但体型比褐翅鸦鹃小，且尾巴更短，上体呈白色丝状羽，翅膀(具横斑) 和背部栗色，其余均为黑色。

生活习性： 栖息于低山丘陵、灌丛、沼泽地带、次生林中。性格机警而隐秘，稍有风吹草动迅即逃入灌丛中。主要以甲虫、蚂蚱、螳螂等昆虫为食，也吃无脊椎动物以及其他软体动物，有时也吃植物种子或果实。

分布： 国内分布于河北、河南、陕西、云南、贵州、湖北、湖南、安徽、江苏、江西、上海、浙江、福建、广东、香港、澳门、广西、海南、台湾。国外分布于孟加拉国、不丹、文莱、柬埔寨、印度、印度尼西亚、老挝、马来西亚、缅甸、尼泊尔、菲律宾、新加坡、泰国、东帝汶、越南、斯里兰卡。

种群状况： 较少见。

濒危和保护等级： 国家二级保护野生动物。

● 大岭山森林公园种群

种群数量： +。种群数量较少。

分布情况： 在布设的30台红外相机中4台拍摄到6次；在11条样线调查中仅发现于长湖水库。

环境特点： 灌丛、湿地、次生林。

受胁因素： 盗猎，生境破碎化。

（摄影/ 水　幽）

褐翅鸦鹃 *Centropus sinensis*

杜鹃科 Cuculidae

物种描述

识别特征： 黑色的喙较为厚硬，雌雄同色，翅膀和背部栗红色，其余均为黑色。和小鸦鹃的区别在于小鸦鹃体型较小，尾巴更短，上体呈白色丝状羽，褐翅鸦鹃则无丝状羽；小鸦鹃虹膜为褐色，褐翅鸦鹃虹膜为血红色。

生活习性： 主要栖息于低山丘陵、河道灌丛、林缘地带，善于地上行走，也善于飞行。主要以甲虫、蚂蚱、毛虫等昆虫为食，也吃无脊椎动物以及其他软体动物，有时也吃蛇、蜥蜴、老鼠和其他鸟类的卵或雏鸟。

分布： 国内分布于河南、四川、贵州、湖北、安徽、浙江、江西、福建、广东、香港、澳门、广西、云南、海南。国外分布于孟加拉国、不丹、文莱、柬埔寨、印度、印度尼西亚、老挝、马来西亚、缅甸、尼泊尔、巴基斯坦、菲律宾、新加坡、斯里兰卡、泰国、越南。

种群状况： 较为常见。

濒危和保护等级： 国家二级保护野生动物。

大岭山森林公园种群

种群数量： ++。在大岭山森林公园具有一定的数量。

分布情况： 在布设的30台红外相机中17台拍摄到32次；在样线调查中发现于白石山、插旗石步道、茶山顶、大溪水库、长湖水库、马鞍山。

环境特点： 森林、灌丛、湿地。

受胁因素： 盗猎，森林砍伐。

（摄影/邱杰君）

噪鹃 *Eudynamys scolopaceus*

杜鹃科 Cuculidae

物种描述

识别特征： 雄鸟通体黑色，雌鸟则通体灰褐色且具白斑点，虹膜深红色，喙浅绿色，脚蓝灰色。常藏匿在高大树顶茂密叶丛中，叫声清脆嘹亮且不断重复，一般仅能闻其声不见其踪。

生活习性： 主要栖息于山地茂盛林中，性格隐秘，常单独活动，夏天在城市的大型公园也能听到其叫声。是巢寄生特征的鸟类，不筑巢和孵卵，通常是产卵到其他鸟类的鸟巢中，由其他鸟类孵化和育雏。主要以植物果实和种子为食，也吃甲虫、蚂蚱等昆虫。

分布： 国内分布于北京、河北、山东、河南、陕西、甘肃、西藏、云南、四川、重庆、贵州、湖北、湖南、安徽、江西、江苏、上海、浙江、福建、广东、香港、澳门、广西、台湾、海南。国外分布于孟加拉国、不丹、文莱、柬埔寨、印度、印度尼西亚、老挝、马来西亚、马尔代夫、缅甸、尼泊尔、阿曼、巴基斯坦、菲律宾、新加坡、斯里兰卡、泰国、越南。

种群状况： 不常见。

濒危和保护等级： 国家“三有”动物。

大岭山森林公园种群

种群数量： +。种群数量较少。

分布情况： 夏候鸟或旅鸟，大岭山夏季可见。样线调查发现于白石山、灯心塘水库、大溪水库。

环境特点： 森林、次生林。

受胁因素： 森林砍伐。

（摄影/水　幽）

八声杜鹃 *Cacomantis merulinus*

杜鹃科 Cuculidae

物种描述

识别特征：头部、颈部、胸部灰色，喙上黑下黄，背部至尾部褐色，胸以下橙褐色，尾具有白色横纹，常藏匿在森林中，喜欢鸣叫，鸣叫声前半段慢，后半段快，为八声一度，一般仅能闻其声不见其踪。

生活习性：主要栖息于低山丘陵、次生林中。性格活跃，常在树枝间不断飞来飞往。是巢寄生特征的鸟类，不筑巢和孵卵，通常是产卵到其他鸟类的鸟巢中，由其他鸟类孵化和育雏。主要以昆虫为食，特别是鳞翅目的幼虫。

分布：国内分布于陕西、西藏、云南、四川、贵州、湖南、江西、浙江、福建、广东、香港、澳门、广西、海南、台湾。国外分布于孟加拉国、不丹、文莱、柬埔寨、印度、印度尼西亚、老挝、马来西亚、缅甸、菲律宾、新加坡、泰国、越南、尼泊尔。

种群状况：不常见。

濒危和保护等级：国家“三有”动物。

大岭山森林公园种群

种群数量：+。种群数量较少。

分布情况：夏候鸟，大岭山夏季可见。样线调查发现于白石山、灯心塘水库、水翁湿地（在鸡公仔里面）。

环境特点：森林、次生林。

受胁因素：森林砍伐。

（摄影/邱杰君）

大鹰鹃 *Hierococcyx sparverioides*

杜鹃科 Cuculidae

● 物种描述

识别特征：羽色略像雀鹰的杜鹃，飞行形态也像雀鹰，头部和颈侧灰色，背部褐色，喉部和胸部具灰色纵纹，下胸和腹部具褐色横纹，尾灰色也具褐色横纹。常隐蔽在茂密山林中的大树上鸣叫，昼夜都能听到其响亮的叫声，叫声耳熟，但却难见其踪。

生活习性：主要栖息山地森林，性格隐秘，常单独活动。是巢寄生特征的鸟类，自己不筑巢和孵卵，通常是产卵到其他鸟类的鸟巢中，由其他鸟类孵化和育雏。主要以昆虫为食，特别是昆虫的幼虫。

分布：国内分布于北京、河北、山东、河南、山西、陕西、内蒙古、甘肃、西藏、云南、四川、重庆、贵州、湖北、湖南、安徽、江西、江苏、上海、浙江、广东、香港、澳门、广西、海南、台湾。国外分布于孟加拉国、不丹、文莱、柬埔寨、印度、印度尼西亚、老挝、马来西亚、缅甸、尼泊尔、菲律宾、泰国、越南、巴基斯坦、新加坡。

种群状况：不常见。

濒危和保护等级：国家“三有”动物。

● 大岭山森林公园种群

种群数量：+。种群数量较少。

分布情况：夏候鸟，大岭山夏季可见。样线调查发现于白石山、插旗石、长湖水库、马鞍山。

环境特点：森林。

受胁因素：森林砍伐。

（摄影/水　幽）

鹤形目 GRUIFORMES

白胸苦恶鸟 *Amaurornis phoenicurus*

秧鸡科 Rallidae

物种描述

识别特征： 中等涉禽，雌雄相似，头顶和上体青灰色，喙偏绿色，喙基红色，脸部至上腹为白色，下腹至尾下为棕色，脚为黄色。叫声似“苦恶，苦恶”单调重复、嘹亮，也是该鸟中文名的来由。

生活习性： 栖息于沼泽、河塘、水田、河流。村庄附近有水域的地方也普遍能发现该鸟，善陆路行走、奔跑及涉水，飞行能力不强。主要以各种昆虫、小型水生动物、植物种子、嫩叶嫩芽为食，有时也摄食砂砾。

分布： 国内分布于黑龙江、记录、北京、天津、河北、山东、河南、山西、陕西、宁夏、甘肃、西藏、青海、云南、四川、贵州、湖北、湖南、安徽、江西、江苏、上海、浙江、福建、广东、香港、澳门、广西、海南、台湾。国外分布于孟加拉国、不丹、汶莱、柬埔寨、圣诞岛、印度、印度尼西亚、日本、韩国、老挝、马来西亚、马尔代夫、缅甸、尼泊尔、阿曼、巴基斯坦、菲律宾、新加坡、斯里兰卡、泰国、东帝汶、阿联酋、越南。

种群状况： 常见种。

濒危和保护等级： 国家“三有”动物。

大岭山森林公园种群

种群数量： ++。在大岭山森林公园具有一定的数量。

分布情况： 在布设的30台红外相机中3台拍摄到3次；在样线调查中发现于白石山、插旗石、茶山顶、大溪水库。

环境特点： 灌丛、湿地。

受胁因素： 环境污染。

（摄影/邱杰君）

黑水鸡 *Gallinula chloropus*

秧鸡科 Rallidae

● 物种描述

识别特征：中等涉禽，雌雄相似，通体黑色，额鲜红色，喙红色，喙尖黄色，脚绿色，两胁有白色线条纹，尾羽下为白色。黑水鸡常有翘尾的动作，翘尾时白色尾羽尤其明显。

生活习性：通常栖息于水生植物生长茂盛的沼泽、湖泊、河塘、河流等地。常在水中悠闲地游动，穿梭水面植物间觅食，善游泳和潜水，不善飞，通常起飞前需助跑。主要以各种水生昆虫、小型水生动物、植物种子、嫩叶嫩芽为食。

分布：国内分布于各省份。国外广布于欧亚大陆。

种群状况：常见种。

濒危和保护等级：广东省重点保护动物，国家“三有”动物。

● 大岭山森林公园种群

种群数量：++。在大岭山森林公园具有一定的数量。

分布情况：样线调查发现于白石山、插旗石、大溪水库、金鸡咀水库、马鞍山；为大岭山森林公园新记录物种。

环境特点：水塘、湖泊。

受胁因素：环境污染。

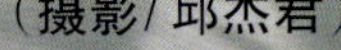

（摄影/邱杰君）

白喉斑秧鸡 *Rallina eurizonoides*

秧鸡科 Rallidae

● 物种描述

识别特征：中等秧鸡，通体偏褐色，虹膜红色，头部和胸部栗色，下颌白色，脚灰色，腹部至尾部黑色且具有白色横条纹。

生活习性：栖息于森林、灌丛、湿地、红树林、沼泽等地，性格胆怯，受惊后疾速进入隐蔽的灌丛、草丛中。多在清晨、黄昏、夜间活动，常在夜间鸣叫。主要以各种昆虫、小型软体动物、植物的种子及嫩叶嫩芽为食，有时也摄食砂砾。

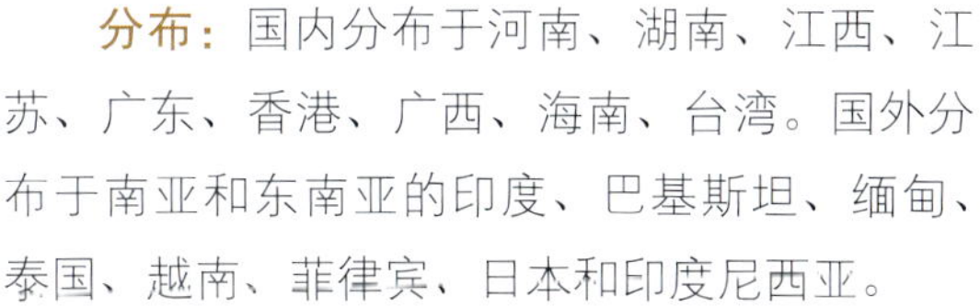

分布：国内分布于河南、湖南、江西、江苏、广东、香港、广西、海南、台湾。国外分布于南亚和东南亚的印度、巴基斯坦、缅甸、泰国、越南、菲律宾、日本和印度尼西亚。

种群状况：较为少见。

濒危和保护等级：广东省重点保护动物，国家“三有”动物。

● 大岭山森林公园种群

种群数量：+。种群数量较少。

分布情况：夏候鸟，大岭山不易见，也许是因其胆怯、隐秘的特性。在布设的30台红外相机中2台拍摄到2次，分布于茶山顶、金鸡咀水库；为大岭山森林公园新记录物种。

环境特点：森林。

受胁因素：森林砍伐。

（摄影/谢志伟）

鸻形目 CHARADRIFORMES

黑翅长脚鹬 *Himantopus himantopus*

反嘴鹬科 Recurvirostridae

● 物种描述

识别特征：淡红色细长的脚，黑色细长的喙，通体只有黑白两色。繁殖羽：雄性头顶至颈后，背部及翅上覆羽黑色，其余为白色；雌性头顶至颈后为白色，眼睛周边具淡灰色斑。

生活习性：栖息于沼泽、水田、浅滩、海岸附近的淡水或咸水池塘或者沼泽地带，喜欢在浅水的湿地环境活动，动作迟缓、文雅。主要以边走边觅食、奔跑追赶猎物，喙插入泥土中，头潜入水中等方式觅食，以小鱼、小虾、蝌蚪、昆虫幼虫、小型水生动物、贝壳类、环节动物等为食。

分布：国内分布于各省份。国外分布也广泛。

种群状况：局部区域较为常见。

濒危和保护等级：广东省重点保护动物，国家“三有”动物。

● 大岭山森林公园种群

种群数量：+。种群数量较少。

分布情况：冬候鸟，有极少部分为留鸟，大岭山不多见；为大岭山森林公园新记录物种。

环境特点：湿地。

受胁因素：环境污染。

（摄影/邱杰君）

丘鹬 *Scolopax rusticola*

鹬科 Scolopacidae

● 物种描述

识别特征： 中小型涉禽，雌雄相似，体型肥胖，但翅膀较小，喙长直，脚短，通体淡黄褐色，上体具黑褐色横纹，头顶和背部具有斑纹（头部横斑是和沙锥属区别的重要特征，且沙锥属鸟类喙的长度是头部的2~3倍，而丘鹬喙和头部的比例小许多），通常突然起飞时振翅带“sou-sou”声，把其他动物吓一跳，然后疾速飞离到别处。

生活习性： 通常栖息在阴暗潮湿、落叶厚密的森林中，性格孤僻，不喜集群，昼伏夜出，白天隐伏在灌丛中，很难发现其踪影，傍晚或晚上会飞到森林附近的沼泽地、湖畔、农田等地觅食，主要以蚯蚓、蜗牛和各种昆虫、无脊椎动物等为食，有时也吃植物种子、浆果等。

分布： 国内分布于各省份。国外分布于欧亚大陆及非洲、北美洲等。

种群状况： 较为少见。

濒危和保护等级： 国家“三有”动物。

● 大岭山森林公园种群

种群数量： +。种群数量较少。

分布情况： 冬候鸟，旅鸟，大岭山不易见，也许是因其性格隐秘的特性。在布设的30台红外相机中9台拍摄到45次；为大岭山森林公园新记录物种。

环境特点： 森林、湿地。

受胁因素： 森林砍伐，环境污染。

（摄影/庄国郑）

鹈形目 PELECANIFORMES

池鹭 *Ardeola bacchus*

鹭科 Ardeidae

● 物种描述

识别特征：雌雄同色，雌性体型稍小。繁殖羽：头部、颈部、胸部为深红色，肩部至尾上覆羽蓝黑色，翅膀和下体白色。非繁殖羽：站着时明显褐色纵纹，飞行时背部暗褐色。池鹭和夜鹭不管成鸟或亚成鸟的区别在于虹膜：夜鹭的是红色，池鹭的是黄褐色。且成体夜鹭比池鹭体型更大。

生活习性：栖息于水塘、湖库、江河、沼泽湿地、稻田等地及附近的高树上。常和白鹭、牛背鹭、夜鹭等一起混群营巢，中国长江以南的种群多数为留鸟，长江以北的种群为夏候鸟，主要以鱼、虾、螺、蛙、泥鳅为食，偶尔吃水生昆虫及植物性食物。

分布： 国内除黑龙江外见于各省份。国外分布于文莱、柬埔寨、印度、印度尼西亚、日本、朝鲜、韩国、老挝、马来西亚、缅甸、菲律宾、新加坡、泰国、越南。

种群状况：较为常见。

濒危和保护等级：广东省重点保护动物，国家“三有”动物。

● 大岭山森林公园种群

种群数量：++。在大岭山森林公园具有一定的数量。

分布情况：大岭山的留鸟为主，也有冬候鸟，夏季易见。发现于沙溪水库、灯心塘水库。

环境特点：湿地、沼泽。

受胁因素：环境污染。

（摄影/邱杰君、张语之）

大白鹭 *Ardea alba*

鹭科 Ardeidae

物种描述

识别特征：大型鹭鸟，雌雄相似，通体白色，飞行缓慢优雅，站立时缩着脖子呈驼背形，喙角喙裂线伸至眼后（中白鹭则喙角喙裂线不过眼，此特征区分最可靠），颈较长呈“S”形，喙厚重粗长；黑色或黄色(中白鹭则不及大白鹭粗长)，背部具丝状分散的蓑羽，跗跖和腿为黑色，繁殖期颊为蓝绿色，非繁殖期颊为黄色。

生活习性：通常栖息于沼泽、水田、湖泊、滩涂等地，常伫立于水边，伺机捕食过往的鱼类，主要以各种水生和陆生昆虫、甲壳类、鱼、蛙、蝗虫以及小型无脊椎动物为食，常和其他鹭类一起混群营巢，偶尔和其他鹭类混群活动。部分为夏候鸟，部分为旅鸟，部分为冬候鸟，通常3月会迁至北部，10月开始迁至南方。

分布：国内分布于各省份，宁夏除外。国外分布于欧亚大陆及非洲、美洲等。

种群状况：较为少见。

濒危和保护等级：广东省重点保护动物，国家“三有”动物。

大岭山森林公园种群

种群数量：+。种群数量较少。

分布情况：冬候鸟或旅鸟，大岭山不常见。仅发现于沙溪水库。

环境特点：湿地、沼泽。

受胁因素：环境污染。

（摄影/邱杰君）

中白鹭 *Ardea intermedia*

鹭科 Ardeidae

● 物种描述

识别特征： 与大白鹭、白鹭较为相似，中白鹭全身体羽皆为白色，眼先黄绿色或黄色，喙为黄色；喙端黑色（繁殖期喙有可能为全黑色），繁殖羽背部和颈下部有丝状饰羽，喙角喙裂线及眼下（大白鹭则喙角喙裂线伸至眼后，此特征区分最可靠），大白鹭体型比中白鹭大，中白鹭体型比白鹭大（白鹭爪子黄色；中白鹭爪子黑色）。

生活习性： 栖息于湖泊、河流、沼泽、水田、滩涂等地，主要以鱼、虾、蛙等为食，偶尔吃水生和陆生各种昆虫以及其他小型无脊椎动物，常单只活动或与其他鹭鸟混群活动及营巢。

分布： 国内分布于辽宁、北京、河北、山东、河南、陕西、甘肃、西藏、云南、四川、重庆、贵州、湖北、湖南、安徽、江西、江苏、上海、浙江、福建、广东、香港、澳门、广西、海南、台湾。国外分布于孟加拉国、不丹、文莱、柬埔寨、关岛、印度、印度尼西亚、日本、朝鲜、韩国、老挝、马来西亚、密克罗尼西亚联邦、缅甸、尼泊尔、北马里亚纳群岛、阿曼、巴基斯坦、帕劳、巴布亚新几内亚、菲律宾、俄罗斯、新加坡、斯里兰卡、泰国、东帝汶、越南、圣诞岛、马尔代夫、塞舌尔、阿联酋、美国、也门。

种群状况： 较为少见。

濒危和保护等级： 广东省重点保护动物，国家“三有”动物。

● 大岭山森林公园种群

种群数量： ++。种群数量较少。

分布情况： 冬候鸟，大岭山不常见。

环境特点： 湿地、沼泽。

受胁因素： 环境污染。

（摄影/邱杰君）

白鹭 *Egretta garzetta*

鹭科 Ardeidae

物种描述

识别特征：雌雄相似，繁殖期眼先淡绿色，非繁殖期眼先黄绿色或黄色。全体羽毛皆为白色，繁殖羽背部和颈下部有蓑状饰羽，非繁殖期则蓑状饰羽消失。跗趾和喙黑色，趾为黄色；与中白鹭的区别在于：中白鹭趾黑色，白鹭趾为黄色。

生活习性：栖息于湖泊、鱼塘、沼泽、农田、滩涂等地，主要以小鱼、小虾、泥鳅、蛙等为食，也吃水生和陆生各种昆虫以及其他小型无脊椎动物，喜集群活动。

分布：国内分布于吉林、辽宁、北京、天津、河北、山东、河南、陕西、内蒙古、宁夏、甘肃、新疆、西藏、青海、云南、四川、重庆、贵州、湖北、湖南、安徽、江西、江苏、上海、浙江、福建、广东、香港、澳门、广西、海南、台湾。国外分布于非洲、欧洲中南部、西亚、中亚、东亚、东南亚、大洋洲等。

种群状况：较为常见。

濒危和保护等级：广东省重点保护动物，国家"三有"动物。

大岭山森林公园种群

种群数量：+。种群数量较少。

分布情况：大岭山以留鸟为主，也有冬候鸟或旅鸟。发现于沙溪水库、插旗石、灯心塘水库、大溪水库、林科园、马鞍山。

环境特点：湿地、沼泽、农田。

受胁因素：环境污染。

（摄影/邱杰君、张语之、戴国辉）

黑冠鳽 *Gorsachius melanolophus*

鹭科 Ardeidae

● 物种描述

识别特征： 雌雄相似，体型粗壮似夜鹭，喙粗短，头顶冠羽黑色至枕部，颈侧及背部栗色，翼下覆羽白色，下体淡棕色且具黑白色纵纹，喉部有黑色中线到胸前，跗趾及趾为灰绿色。受惊或愤怒时头部羽毛炸起，发出怪叫声并攻击敌人。

生活习性： 与海南鳽的栖息环境、习性较为相似，属于隐秘的鳽类，性格羞怯，行动谨慎，夜间出没，白天多隐蔽于茂密的植被中，通常不集群，夜间活动时经常发出高音鸣叫，主要以鱼、虾、蛙、水生昆虫等为食。

分布： 国内分布于云南、广东、广西、香港、海南、台湾。国外分布于孟加拉国、文莱、柬埔寨、印度、印度尼西亚、日本、老挝、马来西亚、缅甸、尼泊尔、菲律宾、新加坡、斯里兰卡、泰国、越南、圣诞岛、帕劳。

种群状况： 不易见。

濒危和保护等级： 国家二级保护野生动物。

● 大岭山森林公园种群

种群数量： +。种群数量极少。

分布情况： 夏候鸟，大岭山不易见。在布设的30台红外相机中4台拍摄到10次，包括大溪水库、大水沥水库等区域；为大岭山森林公园新记录物种。

环境特点： 森林、湿地。

受胁因素： 森林砍伐，环境污染。

（摄影/张礼标）

栗苇鳽 *Ixobrychus cinnamomeus*

鹭科 Ardeidae

物种描述

识别特征： 成年雄性上体及翅膀基本为栗红色，颈侧具白色纵纹，喉部及胸部具黑色纵纹中线，下体淡棕黄色且具黑色纵纹。成年雌性头顶羽较暗，上体较褐色，背部具白斑点。幼鸟纵纹及斑点、横斑较为明显。受惊一跃而起时发出呱呱的叫声。

生活习性： 性格孤僻胆怯而机警，较少飞行，白天多栖息在稻田或芦苇丛中，夜间较为活跃。主要以小鱼、小虾、泥鳅、蛙、小螃蟹及各种小型无脊椎动物为食，营巢多在深草或芦苇中。

分布： 国内分布于辽宁、北京、河北、山东、河南、山西、陕西、内蒙古、云南、四川、贵州、湖北、湖南、安徽、江西、江苏、浙江、上海、福建、广东、香港、澳门、广西、海南、台湾。国外分布于孟加拉国、文莱、柬埔寨、印度、印度尼西亚、日本、朝鲜、老挝、马来西亚、马尔代夫、缅甸、尼泊尔、巴基斯坦、菲律宾、新加坡、斯里兰卡、泰国、东帝汶、越南、马尔代夫群岛、安达曼群岛、尼科巴群岛、阿富汗、密克罗尼西亚联邦、阿曼、塞舌尔、阿拉伯。

种群状况： 较为少见。

濒危和保护等级： 广东省重点保护动物，国家“三有”动物。

大岭山森林公园种群

种群数量： +。种群数量较少。

分布情况： 大岭山不常见。

环境特点： 湿地、农田。

受胁因素： 环境污染。

（摄影/谢志伟）

鹰形目 ACCIPITRIFORMES

普通鵟 *Buteo japonicus*

鹰科 Accipitridae

● 物种描述

识别特征： 中型猛禽，雌雄相似，翼指5枚，头粗短，身形圆胖，体色变化较大：分深色、浅色、棕色三种，棕色型的较为常见。上体黄褐色，下颌至胸前皮黄色且具细纵纹，翼较宽大多褐色，背部、翼上、尾羽褐色，尾下覆羽皮黄色，飞羽外缘和翼角为黑色。

生活习性： 常见在开阔的平原、城郊田地、林缘草地翱翔，大多单独活动，有时可见几只在天空盘旋滑翔，视觉敏锐，善于翱翔，每天大部分时间都在空中盘旋，叫声酷似家猫的叫声，主要以鼠类为食，偶尔捕抓蜥蜴、青蛙、蛇、大型昆虫。有空中定点悬停的本领。

分布： 国内分布于各省份。国外分布于印度、日本、朝鲜、蒙古国、尼泊尔、巴基斯坦、俄罗斯、北马里亚纳群岛、孟加拉国、不丹、柬埔寨、韩国、老挝、缅甸、斯里兰卡、泰国、越南、文莱、印度尼西亚、马来西亚、马尔代夫、菲律宾、新加坡、帕劳。

种群状况： 不易见。

濒危和保护等级： 国家二级保护野生动物，CITES附录Ⅱ。

● 大岭山森林公园种群

种群数量： +。种群数量极少。

分布情况： 大岭山不易见，发现于大溪水库至观湖样线。

环境特点： 森林。

受胁因素： 盗猎。

（摄影/水　幽）

蛇雕 *Spilornis cheela*

鹰科 Accipitridae

● 物种描述

识别特征：中型猛禽，雌雄相似，翼指7枚，上体深褐色，头顶黑色，具黑色冠羽及有白斑，头部看起来较大且蓬松，眼先为黄色裸皮，胸部、腹部褐色，具有白色斑点，尾黑色；尾上覆羽尖端白色，飞翔时尾部中间和翼下具一道明显的白色横带，极为明显。

生活习性：主要栖息于林缘的开阔地带及中低海拔的森林，多见单独或成对活动，性格大方，不太惧人，叫声凄然，常边飞翔边鸣叫，喜停落在大树上观察地面，主要以各种蛇类及两栖爬行动物为食，蛇雕脚上覆盖着刚硬的鳞片以抵御被毒蛇咬伤。

分布：国内分布于西藏、云南、黑龙江、辽宁、北京、河南、陕西、云南、四川、贵州、安徽、江西、江苏、浙江、福建、广东、香港、澳门、广西、海南、台湾。国外分布于孟加拉国、不丹、文莱、柬埔寨、印度、印度尼西亚、日本、老挝、马来西亚、缅甸、尼泊尔、巴基斯坦、菲律宾、斯里兰卡、泰国、越南、韩国、新加坡。

种群状况：不易见。

濒危和保护等级：国家二级保护野生动物，CITES附录Ⅱ。

● 大岭山森林公园种群

种群数量：+。种群数量较少。

分布情况：大岭山不易见。布设的30台红外相机中1台拍摄到1次，在金鸡咀水库附近区域；在样线调查中发现于白石山。

环境特点：森林。

受胁因素：盗猎。

（摄影/谢志伟）

凤头蜂鹰 *Pernis ptilorhynchus*

鹰科 Accipitridae

● 物种描述

识别特征：中型猛禽，雌雄相似，翼指6枚，体色多样，均具有对比性浅色喉块。成年雄鸟虹膜暗色，较长的尾部且有粗横斑，翼后缘与尾部后缘粗重黑色。成年雌鸟虹膜黄色，翼后缘深色带不甚明显，尾羽深色，尾带比较窄。尖长的颈脖和较长的尾部可以快速识别。

生活习性：栖息于山地森林、林缘地带较为常见，翱翔时振翅后滑翔，较少盘旋，大多在林中的树上和地上袭击蜂巢，喜爱吃蜜蜂、胡蜂，也吃蜂蛹、蜂蜜、蜂蜡，有时会出现在养蜂场附近，也捕食各种昆虫、两栖爬行动物及鸟类和鼠类。

分布：国内分布于各省份。国外分布于孟加拉国、不丹、文莱、柬埔寨、印度、印度尼西亚、伊朗、伊斯兰、日本、哈萨克斯坦、韩国、朝鲜、科威特、老挝、马来西亚、马尔代夫、缅甸、尼泊尔、巴基斯坦、菲律宾、俄罗斯、新加坡、斯里兰卡、塔吉克斯坦、泰国、东帝汶、阿联酋、越南、埃及、以色列、约旦、蒙古国、阿曼、沙特阿拉伯、土耳其、乌兹别克斯坦、也门。

种群状况：不易见。

濒危和保护等级：国家二级保护野生动物，CITES附录I。

● 大岭山森林公园种群

种群数量：+。种群数量极少。

分布情况：大岭山不易见；为大岭山森林公园新记录物种。

环境特点：森林。

受胁因素：森林砍伐，盗猎。

鸮形目 STRIGIFORMES

领鸺鹠 *Glaucidium brodiei*

鸱鸮科 Strigidae

物种描述

识别特征： 小型鸮类，雌雄相似，无耳羽簇，体型比斑头鸺鹠小，是国内最小的猫头鹰，成鸟头部灰色具密集白色点斑纹（头部密集白色斑点可与斑头鸺鹠区分），后枕具明显“眼状斑”斑纹，喉部白色且具褐色横纹，腹部、臀部、腿部白色并有褐色纵纹，虹膜、喙、跗趾黄色。

生活习性： 生活在山地森林和林缘灌丛地带中，昼夜栖息于树上，黄昏活动较频繁，夜间喜鸣叫，经常彻夜鸣叫，鸣叫声较为单调重复，主要以鸟类为食，偶也捕抓老鼠、昆虫、蜥蜴等。

分布： 国内分布于河南、陕西、甘肃、西藏、云南、四川、重庆、贵州、湖北、湖南、安徽、江西、江苏、上海、浙江、福建、广东、澳门、广西、海南、台湾。国外分布于不丹、文莱、柬埔寨、印度、印度尼西亚、老挝、马来西亚、缅甸、尼泊尔、巴基斯坦、泰国、越南。

种群状况： 不易见。

濒危和保护等级： 国家二级保护野生动物，CITES附录Ⅱ。

大岭山森林公园种群

种群数量： +。种群数量少。

分布情况： 大岭山不易见，仅发现于林科园；为大岭山森林公园新记录物种。

环境特点： 森林。

受胁因素： 森林砍伐、盗猎。

佛法僧目 CORACIIFORMES

白胸翡翠 *Halcyon smyrnensis*

翠鸟科 Alcedinidae

物种描述

识别特征： 喙粗长，呈赤红色，头部栗褐色，颏部、喉部、胸部白色，颈部及下体栗褐色，肩背及尾上覆羽蓝色，翼上覆羽、翼端为黑色，虹膜深褐色，脚红色，飞行时翅膀白斑较为明显。

生活习性： 栖息于各种水域岸边，常单独活动，性格较活泼，于旷野、池塘、河流及海边觅食，主要以蟋蟀、蜘蛛、蜗牛等各种无脊椎动物为食，也捕食小型脊椎动物，如小鱼、小蜥蜴、小蛇及小鸟等。

分布： 国内分布于河南、云南、四川、贵州、湖北、江西、江苏、上海、浙江、福建、广东、香港、澳门、广西、海南、台湾、西藏。国外分布于欧亚大陆及非洲北部、印度次大陆、中南半岛、太平洋诸岛屿。

种群状况： 不太常见。

濒危和保护等级： 国家二级保护野生动物，CITES附录II。

大岭山森林公园种群

种群数量： +。种群数量一般。

分布情况： 大岭山不太常见；为大岭山森林公园新记录物种。

环境特点： 湿地。

受胁因素： 环境污染。

（摄影/水　幽）

普通翠鸟 *Alcedo atthis*

翠鸟科 Alcedinidae

物种描述

识别特征：小型翠鸟，体长16~19 cm，雌雄相似，但鸟喙颜色不一样（下喙橘黄色为雌性，喙黑色则是雄性）。头部蓝绿色具蓝色斑纹，颏喉部白色，颈侧具白色斑，耳羽橘黄色为与斑头大翠鸟的区分特征，下体橙黄色，脚红色。

生活习性：主要栖息于溪流、水库、池塘、湖泊甚至水田岸边及红树林。常常静立在水域岸边探出的枝头上，一旦发现猎物的踪迹疾速入水捉之，主要以小鱼、小虾等水生动物为食，通常营巢于高处的河岸、土岩上，掘洞为巢。

分布：国内分布于各省份。国外主要分布于欧亚大陆

种群状况：常见种。

濒危和保护等级：国家"三有"动物。

大岭山森林公园种群

种群数量：++。具有一定种群数量。

分布情况：大岭山较为常见。样线调查发现于白石山、大溪水库、林科园、马鞍山。

环境特点：湿地。

受胁因素：环境污染。

（摄影/水　幽）

雀形目 PASSERIFORMES

赤红山椒鸟 *Pericrocotus speciosus*

山椒鸟科 Campephagidae

物种描述

识别特征：小型鸟类，体长19~22 cm，雄鸟头、喉、背为蓝黑色，胸、腹、腰、尾羽羽缘及翼上的两道斑块为赤红色，中央尾羽黑色。雌鸟背部灰色，以黄色替代雄鸟的红色，且额头、喉、颏、耳羽也是黄色。

生活习性：栖息于海拔2000 m以下的山地、次生阔叶林、针阔叶混交林、开荒的耕地等。多成群活动，有时也和其他山椒鸟混群活动。主要以昆虫为食，偶也吃果实、植物种子、植物嫩芽等。

分布：国内分布于西藏、贵州、湖南、江西、浙江、福建、广东、广西、香港、澳门、海南。国外分布于印度、斯里兰卡、孟加拉国、缅甸、越南、老挝、泰国、马来西亚、菲律宾和印度尼西亚等地。

种群状况：常见种。

濒危和保护等级：国家“三有”动物。

大岭山森林公园种群

种群数量：++。具有一定种群数量。

分布情况：大岭山较为常见。

环境特点：森林。

受胁因素：森林砍伐。

（摄影/谢志伟）

黑卷尾 *Dicrurus macrocercus*

卷尾科 Dicruridae

物种描述

识别特征：中型鸟类，体长26~30 cm，全身黑色，且具有金属光泽，长长卷曲的尾巴，外侧尾羽向上略翘起，飞行时能明显看到“V”字尾型。幼鸟上体与成鸟相似，肩背部具光泽，下体具白色横纹。

生活习性：栖息于开阔地的丛林，也见于田野间电线上，转头四顾留意昆虫，一有发现立马直降其附近捕捉为食，有时也在放养家畜背上啄食被家畜惊起的昆虫，主要以各种昆虫为食。叫声嘹亮嘈杂多变，能模仿其他鸟叫声。

分布：国内分布于除新疆、台湾外各省份。国外分布于阿富汗、孟加拉国、不丹、柬埔寨、印度、印度尼西亚、老挝、马来西亚、缅甸、尼泊尔、巴基斯坦、新加坡、斯里兰卡、泰国、越南、关岛、北马里亚纳群岛、伊朗、韩国、阿曼、阿拉伯。

种群状况：较为常见。

濒危和保护等级：国家“三有”动物。

大岭山森林公园种群

种群数量：+。种群数量一般

分布情况：夏候鸟或旅鸟，大岭山夏季可见。样线调查发现于白石山、长湖水库。

环境特点：林缘。

受胁因素：生境破碎化。

（摄影/谢志伟）

棕背伯劳 *Lanius schach*

伯劳科 Laniidae

物种描述

识别特征： 中型鸟类，体长20~25 cm，雌雄相似，额、眼纹、两翼及尾粗黑，翼上有小白斑，脸颊、喉部、胸部及腹部中心为白色，下体白色沾灰。另有暗黑色型的伯劳，在广东地区不罕见，其他分布区也能偶见，有时会模仿其他鸟叫声。

生活习性： 喜林缘、田野、果园等地，多单独活动，性凶猛，善捕食昆虫、鸟类、蜥蜴及其他动物，常见田野和路边电线上，环顾四周，发现猎物的踪迹即刻飞去追捕，亦能空中捕食各种昆虫及小鸟。

分布： 国内分布于新疆、西藏、北京、天津、河北、河南、山东、陕西、甘肃、云南、四川、重庆、贵州、湖北、湖南、安徽、江西、江苏、上海、浙江、福建、广东、香港、澳门、广西、台湾、南海。国外分布于阿富汗、孟加拉国、不丹、柬埔寨、印度、印度尼西亚、哈萨克斯坦、吉尔吉斯斯坦、老挝、马来西亚、缅甸、尼泊尔、阿曼、巴基斯坦、巴布亚新几内亚、菲律宾、新加坡、斯里兰卡、塔吉克斯坦、泰国、东帝汶、土库曼斯坦、越南、以色列、日本、马尔代夫、阿联酋、英国。

种群状况： 较为常见。

濒危和保护等级： 国家“三有”动物。

大岭山森林公园种群

种群数量： +。种群数量一般。

分布情况： 大岭山较为常见。样线调查发现于白石山、灯心塘水库、茶山顶、大溪水库、金鸡咀水库、长湖水库、林科园、马鞍山。

环境特点： 林缘。

受胁因素： 生境破碎化。

（摄影/邱杰君、戴国辉）

松鸦 *Garrulus glandarius*

鸦科 Corvidae

物种描述

识别特征：小型鸦类，体长27~35 cm，雌雄相似，通体以粉褐色为主，翅膀较短，但尾部较长，羽毛较为蓬松，呈绒毛状，两翼黑色且有白色斑块及翼上有蓝色镶嵌图案，黑色髭纹，腰部白色，脚肉棕色。

生活习性：栖息于各种森林、林缘中，杂食性，食物随季节变化，繁殖期主要以各种昆虫和昆虫幼虫为食，冬天和早春主要以各种植物果实为食，它有储存食物的习惯，有利于种子的传播。叫声粗哑短促且能模仿其他动物的叫声。

分布：国内分布于黑龙江、内蒙古、吉林、辽宁、新疆、北京、河北、河南、山东、山西、陕西、宁夏、甘肃、青海、云南、贵州、四川、重庆、湖北、湖南、安徽、江西、江苏、浙江、福建、广东、广西。国外分布于欧亚大陆及北美洲。

种群状况：不太常见。

濒危和保护等级：国家“三有”动物。

大岭山森林公园种群

种群数量：+。种群数量不多。

分布情况：大岭山不太常见。在布设的30台红外相机中5台拍摄到12次；样线调查中发现于白石山、灯心塘水库、茶山顶、马鞍山。

环境特点：森林、次生林。

受胁因素：森林砍伐。

（摄影/谢志伟）

红嘴蓝鹊 *Urocissa erythroryncha*

鸦科 Corvidae

● 物种描述

识别特征：大型鸦类，雌雄相似，体长64~68 cm，喙和脚红色，头部、颈部及胸部黑色，枕部具有较大面积白色斑块，上体和两翼为蓝灰色，下体白色，蓝色较长的尾羽具明显的白色端斑，飞行时尾羽通常扇开。叫声较为嘈吵。

生活习性：喜群居，常聚小群于各种不同类型森林、林缘中，主要以各种昆虫等动物性食物为食，喜捕食鸟卵及未离巢的雏鸟，偶也吃植物果实、种子等。

分布：国内分布于辽宁、北京、河北、山东、山西、内蒙古、甘肃、宁夏、河南、陕西、宁夏、云南、四川、重庆、贵州、湖北、湖南、安徽、江西、江苏、上海、浙江、福建、广东、香港、澳门、广西、海南。国外分布于孟加拉国、柬埔寨、印度、老挝、缅甸、尼泊尔、泰国、越南。

种群状况：较为常见。

濒危和保护等级：国家“三有”动物。

● 大岭山森林公园种群

种群数量：++。具一定种群数量。

分布情况：大岭山较为常见，在布设的30台红外相机中6台拍摄到34次；样线调查中发现于白石山、灯心塘水库、插旗石、茶山顶、大溪水库、金鸡咀水库、长湖水库、林科园、水翁湿地（在鸡公仔里面）、马鞍山。

环境特点：森林。

受胁因素：森林砍伐。

（摄影/谢志伟）

喜鹊 *Pica serica*

鸦科 Corvidae

物种描述

识别特征：中型鸦类，体长40~50 cm，雌雄相似，头部、颈部、胸部、背部黑色且带金属光泽，两翼有白色斑，腹部、肩部、初级飞羽为白色，非常明显。

生活习性：喜与人为邻的鸟类，杂食性，多从地面取食，食物随季节变化，夏季主要以各种昆虫等动物性食物为食，也吃其他鸟类的雏鸟及鸟卵，其他季节主要以各种植物果实及种子为食。多在人类活动地区附近筑巢，经常在显眼的树杈较多的高大树木上看见它们搭建鸟巢，非常牢固。

分布：国内各省均有分布。国外分布除南极洲、非洲、南美洲与大洋洲外，几乎遍布世界各大陆。

种群状况：不太常见。

濒危和保护等级：国家“三有”动物。

大岭山森林公园种群

种群数量：+。种群数量一般。

分布情况：大岭山不常见。样线调查仅发现于茶山顶。

环境特点：林缘。

受胁因素：生境破碎化。

（摄影/水　幽、邱杰君、张语之）

灰树鹊 *Dendrocitta formosae*

鸦科 Corvidae

物种描述

识别特征： 中型鸦类，体长30~39 cm，雌雄相似，头顶至枕后灰色，上背褐色，下背浅灰色或白色，下体灰色，臀部棕色，两翼黑色且翼上有一小块白斑，黑色甚长的楔形尾。

生活习性： 栖息于山地森林，性怯而吵嚷，喜在树枝间不断跳跃，主要以植物果实及种子为食，也吃各种昆虫等动物性食物，同时也会捕食其他鸟类的雏鸟及鸟卵。

分布： 国内分布于云南、四川、贵州、湖南、安徽、江西、江苏、浙江、福建、广东、香港、澳门、广西、海南、台湾。国外分布于孟加拉国、不丹、印度、老挝、缅甸、尼泊尔、巴基斯坦、泰国、越南。

种群状况： 不太常见。

濒危和保护等级： 国家“三有”动物。

大岭山森林公园种群

种群数量： +。种群数量一般。

分布情况： 大岭山不太常见，在布设的30台红外相机中3台拍摄到8次。

环境特点： 森林。

受胁因素： 森林砍伐。

大嘴乌鸦 *Corvus macrorhynchos*

鸦科 Corvidae

物种描述

识别特征：大型鸦类，体长45~59 cm，雌雄相似，全身羽毛黑色且具金属光泽，额头突出，喙粗厚，喙峰弯曲，喉、颈、胸的羽毛呈披针形，翼展比其他乌鸦稍长，尾长且呈楔状，空中飞翔时有点像猛禽。

生活习性：栖息于各类森林，也喜于林间路旁、河谷、农田和草地上活动，除繁殖期成对活动外，其他季节多聚小群活动，杂食性，主要以各种昆虫为食，也吃其他鸟类的雏鸟及鸟卵，以及植物的果实、嫩叶、种子等。

分布：国内各省份均有分布。国外分布于亚洲东部和南部，北至俄罗斯库页岛、鄂霍次克海岸、萨哈林岛、黑龙江流域，东至朝鲜、日本，南至印度、缅甸、斯里兰卡、尼泊尔、巴基斯坦、阿富汗、泰国、中南半岛、马来西亚、菲律宾和印度尼西亚等地。

种群状况：较为常见。

濒危和保护等级：无。

大岭山森林公园种群

种群数量：+。种群数量一般。

分布情况：大岭山较为常见，样线调查发现于白石山、插旗石、大溪水库、金鸡咀水库、水翁湿地（在鸡公仔里面）、长湖水库、马鞍山、灯心塘水库、茶山顶。

环境特点：森林。

受胁因素：森林砍伐。

（摄影/谢志伟）

远东山雀 *Parus minor*

山雀科 Paridae

● 物种描述

识别特征： 大山雀一亚种（*P. cinereus minor*）提升的独立种。小型鸟类，体长13~16 cm，头部和喉部黑色，一条黑色胸带从喉部贯穿腹部中央，颊部及后颈有明显白斑，上背黄绿色，下体大致为灰白色，翼上具有一道白色条纹。雌鸟体色较淡，腹部黑色纵纹稍细。

生活习性： 常栖息于林缘及开阔林中，也光顾公园绿地及房前屋后，性格活泼，胆大近人，主要以虫卵、幼虫、成虫、蜘蛛、蜗牛等各种小昆虫为食。

分布： 国内分布于黑龙江、吉林、辽宁、北京、天津、河北、山东、山西、陕西、内蒙古、宁夏、甘肃、青海、四川、重庆、湖北、安徽、江苏、上海、浙江、广东。国外分布于欧亚，其中亚洲主要分布在中东部、东部。

种群状况： 常见种。

濒危和保护等级： 国家"三有"动物。

● 大岭山森林公园种群

种群数量： ++。种群数量较多。

分布情况： 大岭山常见种。在布设的30台红外相机中1台拍摄到1次；11条样线调查中均有发现。

环境特点： 林缘。

受胁因素： 森林砍伐、生境破碎化。

（摄影/张语之）

黄腹山鹪莺 *Prinia flaviventris*

扇尾莺科 Cisticolidae

● 物种描述

识别特征：小型鸟类，体长12~14 cm，雌雄相似，上体橄榄绿色，头顶灰色，眼先黑色，有时具浅淡白色短眉纹，喉部和胸部白色，下胸和腹部土黄色，腿部黄色或棕色，和长尾缝叶莺区别：两者背部都是黄绿色且尾巴长，但长尾缝叶莺头部为棕褐色。

生活习性：栖息于山脚、芦苇、沼泽、灌丛等地，性格活泼胆大，飞行有力且常发出振翅声响，活动时尾常上下摆动，主要以各种小昆虫及幼虫为食，也吃植物果实及种子。

分布：国内分布于云南、贵州、江西、浙江、福建、广东、香港、澳门、广西、海南、台湾。国外分布于文莱、柬埔寨、印度、印度尼西亚、老挝、马来西亚、缅甸、尼泊尔、巴基斯坦、新加坡、泰国和越南。

种群状况：常见种。

濒危和保护等级：国家“三有”动物。

● 大岭山森林公园种群

种群数量：++。种群数量较多。

分布情况：大岭山常见种。样线调查发现于白石山、插旗石、金鸡咀水库。

环境特点：灌丛。

受胁因素：生境破碎化。

（摄影/水　幽）

纯色山鹪莺 *Prinia inornata*

扇尾莺科 Cisticolidae

● 物种描述

识别特征：小型鸟类，体长11~14 cm，雌雄相似，通体呈褐色，上体灰褐色，下体淡黄色至偏红色，喙近黑色，头顶、颈部、背部、两翼及尾羽褐色，黄白色的眉纹贯穿眼前眼后，尾羽末端具淡色斑。

生活习性：栖息于草丛、芦苇、沼泽及稻田，性格活泼好动，在草茎尖或飞行时鸣叫，主要以各种小昆虫及幼虫为食，偶也吃小型无脊椎动物及杂草种子等。

分布：国内分布于山东、云南、四川、重庆、贵州、湖北、湖南、安徽、江西、江苏、上海、浙江、福建、广东、香港、澳门、广西、海南。国外分布于印度次大陆、中南半岛、太平洋诸岛屿。

种群状况：常见种。

濒危和保护等级：国家“三有”动物。

● 大岭山森林公园种群

种群数量：++。种群数量较多。

分布情况：大岭山常见种。样线调查发现于白石山、灯心塘。

环境特点：灌丛。

受胁因素：生境破碎化。

（摄影/谢志伟）

长尾缝叶莺 *Orthotomus sutorius*

扇尾莺科 Cisticolidae

物种描述

识别特征：小型鸟类，体长10~14 cm，雌雄相似，前额及顶冠棕色，少数个体有近白色短窄的眉纹，眼先及头侧污白，下体白色，两胁灰色，两翼及尾橄榄绿色，尾下覆羽白色，繁殖期雄鸟中央尾羽明显更延长。

生活习性：栖息于灌丛、农田、果园及房前屋后，性格活泼，不甚怕人，常不停地移动，飞翔时翅膀拍打会发出吧嗒吧嗒的声音。主要以小昆虫及幼虫为食，偶也吃植物果实及种子。

分布：国内分布于西藏、云南、贵州、湖南、福建、广东、香港、澳门、广西、海南。国外分布于孟加拉国、不丹、柬埔寨、印度、印度尼西亚、老挝、马来西亚、缅甸、尼泊尔、巴基斯坦、新加坡、斯里兰卡、泰国和越南。

种群状况：常见种。

濒危和保护等级：国家“三有”动物。

大岭山森林公园种群

种群数量：++。种群数量较多。

分布情况：大岭山常见种。在布设的30台红外相机中1台拍摄到2次；在11条样线调查中均有发现。

环境特点：灌丛。

受胁因素：生境破碎化。

（摄影/张语之、邱杰君）

鳞头树莺 *Urosphena squameiceps*

树莺科 Cettiidae

● 物种描述

识别特征：小型鸟类，体长9~11 cm，雌雄相似，顶冠具鳞状纹，喙细长，上体浓褐色，下体近白色，淡皮黄色的眉纹清晰，贯眼纹深褐色，两胁及尾下覆羽过渡为淡褐色，尾羽褐色，脚粉红色，体小而尾极短的树莺，极容易辨认。

生活习性：栖息于混交林及落叶林多覆盖的地面或近地面处，山涧溪流沿岸的僻静密林深处也常见，主要以昆虫为食，包括鳞翅目、双翅目、蚂蚁等。

分布：国内分布于黑龙江、吉林、辽宁、北京、天津、河北、山东、河南、内蒙古、云南、四川、贵州、湖北、湖南、江西、江苏、上海、浙江、福建、广东、澳门、广西、海南、台湾。国外分布于日本、朝鲜、韩国、老挝、缅甸、俄罗斯、泰国、越南、尼泊尔、菲律宾。

种群状况：不常见。

濒危和保护等级：国家“三有”动物。

● 大岭山森林公园种群

种群数量：+。种群数量较少。

分布情况：冬候鸟，大岭山不常见。在布设的30台红外相机中仅1台拍摄到1次；为大岭山森林公园新记录物种。

环境特点：林缘、灌丛。

受胁因素：森林砍伐、生境破碎化。

（摄影/谢志伟）

红耳鹎 *Pycnonotus jocosus*

鹎科 Pycnonotidae

物种描述

识别特征：体长17~21 cm的中等鹎类，雌雄相似，头顶具显著的黑色羽冠，黑白色的头部图纹上脸颊具一鲜红色的耳斑，其下又一白斑，外围黑色。上体褐色，下体皮黄色，两胁浅灰色，臀部及尾下覆羽红色，尾黑褐色，尾端边缘白色。喙和脚黑色。

生活习性：栖息于低山丘陵、常绿阔叶林、村落、农田附近的树林、城镇的公园。喜站小树最高点鸣叫，常小群活动，有时也见和其他鹎类混群活动，杂食性，以植物性食物为主，繁殖期4~7月，孵化期13天左右。

分布：国内分布于西藏、云南、河南、山东、贵州、湖南、江西、浙江、福建、广东、香港、澳门、广西、海南、台湾。国外分布于尼泊尔、锡金、不丹、孟加拉国、印度、缅甸、泰国、越南、老挝等东喜马拉雅山至中南半岛以及马来半岛等地。

种群状况：常见种。

濒危和保护等级：国家“三有”动物。

大岭山森林公园种群

种群数量：+++。种群数量较多。

分布情况：大岭山常见种。在布设的30台红外相机中1台拍摄到1次；在11条样线中均调查到。

环境特点：丘陵、林缘。

受胁因素：人为干扰。

（摄影/张语之、邱杰君）

白头鹎 *Pycnonotus sinensis*

鹎科 Pycnonotidae

● 物种描述

识别特征：体长17~21 cm的中型鹎类，雌雄相似，额部至头顶黑色且略具羽冠，脸颊近黑色，眼后有白色斑纹延伸至后脑勺，耳羽浅灰色，喉部及臀部白色，上体橄榄绿色，下体灰白色，两胁近白色，两翼黄绿色，喙近黑色，脚黑色。亚成鸟整体灰色，仅头部橄榄绿色，且没有成鸟标志性的白头。

生活习性：栖息于山区森林、果园、村落、农田、公园。不畏惧人，喜集群而居，也见和其他鹎类混群活动，杂食性，既食动物性食物，也吃植物性食物，繁殖期4~7月，孵化期13天左右。

分布：国内分布于辽宁、北京、天津、河北、河南、山东、山西、陕西、甘肃、青海、云南、四川、重庆、贵州、湖北、湖南、安徽、江西、江苏、上海、浙江、福建、广东、香港、澳门、广西、海南。国外分布于日本、朝鲜、韩国、老挝、泰国、越南。

种群状况：常见种。

濒危和保护等级：国家“三有”动物。

● 大岭山森林公园种群

种群数量：+++。种群数量较多。

分布情况：大岭山常见种。在布设的30台红外相机中4台拍摄到9次；在调查的11条样线中均有发现。

环境特点：丘陵、林缘。

受胁因素：人为干扰。

（摄影/张语之）

白喉红臀鹎 *Pycnonotus aurigaster*

鹎科 Pycnonotidae

物种描述

识别特征： 体长17~21 cm的中型鹎类，雌雄相似，成鸟头部黑色且有不明显的羽冠，耳羽灰白色，上体灰褐色或褐色，颏部、上喉、胸部、腹部、腰部、两胁灰白色，两翼灰褐色，尾巴褐色，尾下覆羽红色，端斑白色，喙及脚黑色。幼鸟臀部偏黄色。

生活习性： 栖息于低山丘陵、果园、次生林、红树林。性格活泼吵嚷，鸣声清脆响亮。常与其他鹎类混群活动，主要以植物性食物为主，也吃小甲虫、蚂蚁、蚊子等动物性食物。繁殖期4~7月，孵化期13天左右。

分布： 国内分布于云南、四川、贵州、湖南、广西、海南、广东、江西、浙江、福建、香港、澳门。国外分布于柬埔寨、印度尼西亚、老挝、缅甸、泰国、越南。

种群状况： 常见种。

濒危和保护等级： 国家“三有”动物。

大岭山森林公园种群

种群数量： +++。种群数量较多。

分布情况： 大岭山常见种。样线调查发现于白石山、灯心塘、插旗石、大溪水库、长湖水库。

环境特点： 丘陵、林缘。

受胁因素： 人为干扰。

（摄影/邱杰君）

栗背短脚鹎 *Hemixos castanonotus*

鹎科 Pycnonotidae

物种描述

识别特征： 体长18~22 cm的中型鹎类，雌雄相似，成鸟额部至后颈黑色，羽冠略显著，头部两侧和背部栗色，颏部、喉部白色，胸部和两胁灰色，腹部偏白色，两翅及尾暗褐色并具灰白色羽缘，尾下覆羽白色，喙黑色，脚深褐色。

生活习性： 栖息于林缘、次生林等地，常结小群活动，杂食性，以植物果实及种子等植物性食物为主，也吃鞘翅目、双翅目、鳞翅目、膜翅目等昆虫，繁殖期4~7月，每窝产卵3~5枚，孵化期13天左右。

分布： 国内分布于广西、海南、河南、云南、贵州、湖北、湖南、安徽、江西、上海、浙江、福建、广东、香港、澳门。国外分布于越南东北部。

种群状况： 常见种。

濒危和保护等级： 国家“三有”动物。

大岭山森林公园种群

种群数量： +++。种群数量较多。

分布情况： 大岭山常见种。样线调查中发现于白石山、插旗石、茶山顶、长湖水库、林科园、水翁湿地(在鸡公仔里面)。

环境特点： 林缘。

受胁因素： 森林砍伐。

（摄影/邱杰君）

黄眉柳莺 *Phylloscopus inornatus*

柳莺科 Phylloscopidae

物种描述

识别特征：体长10 cm左右的小型鸟类，雌雄相似，上体橄榄绿色，喙较短，眉纹乳白色较长，贯眼纹黑色，无顶冠纹（极少数个体具模糊顶冠纹），两翼黑褐色且翅上有两道明显的白色斑翼，下体灰白色，尾羽黑褐色，脚淡褐色。

生活习性：栖息于山地森林中，常单独或三五成群，但迁徙期间可见集大群，由于体小色绿，飞行迅速，通常难以发现，繁殖期4~7月，每窝产卵4~6枚，主要以各种树上的蚜虫及小型昆虫为食。

分布：国内分布于除新疆外其他各省份。国外分布于欧亚大陆。

种群状况：较常见。

濒危和保护等级：国家“三有”动物。

大岭山森林公园种群

种群数量：+。种群数量较少。

分布情况：冬候鸟，大岭山11月至翌年4月可见。在布设的30台红外相机中2台拍摄到3次；在样线调查中发现于白石山、插旗石、茶山顶、大溪水库。

环境特点：山地森林。

受胁因素：森林砍伐。

（摄影/谢志伟）

暗绿绣眼鸟 *Zosterops simplex*

绣眼鸟科 Zosteropidae

● 物种描述

识别特征：体长10~12 cm的小型鸟类，雌雄相似，上体橄榄绿色，眼先黑色，明显的白色眼圈且其下有半圈黑色纹，胸部和两胁灰色，前额、喉部、臀部淡黄色，腹中线略带黄色，下体灰白色，脚灰黑色。

生活习性：栖息于林缘、果园、公园、人工林等，喜群居，性格活泼而喧闹，繁殖期4~7月，每窝产卵3~4枚，常在灌丛的枝叶与花丛间穿梭跳跃，取食小型昆虫、浆果及花蜜。

分布：国内分布于辽宁、北京、天津、河北、山东、河南、山西、陕西、内蒙古、甘肃、云南、四川、重庆、贵州、湖北、湖南、安徽、江西、江苏、上海、浙江、福建、广东、香港、澳门、广西、海南、台湾。国外分布于日本、韩国、老挝、缅甸、泰国、越南、美国、印度、巴基斯坦、菲律宾、俄罗斯、斯里兰卡。

种群状况：常见种。

濒危和保护等级：国家“三有”动物。

● 大岭山森林公园种群

种群数量：+++。种群数量较多。

分布情况：大岭山常见种。在调查的11条样线中均有发现。

环境特点：林缘。

受胁因素：森林砍伐。

（摄影/张语之、戴国辉、邱杰君）

栗颈凤鹛 *Staphida torqueola*

绣眼鸟科 Zosteropidae

物种描述

识别特征：栗耳凤鹛一亚种（*S. castaniceps torqueola*）提升的独立种。体长13~15 cm的小型鸟类，雌雄相似，上体偏灰色，下体近白色，前额、眼先、头顶短羽冠及枕部灰色，耳羽、颊部、颈侧、后颈栗色且具细小白色纵纹。背部、两翼及腰部褐色，下体大部分白色，胸部及两胁灰色，尾羽褐色，中央尾羽具白色端斑。

生活习性：栖息于1600 m以下的各类森林，繁殖期成对活动，非繁殖期多成群，群中个体常常保持较近的距离，繁殖期4~7月，每窝产卵3~4枚，营巢于林中洞穴，主要以昆虫为食，偶也吃植物果实与种子。

分布：国内分布于陕西、云南、四川、重庆、贵州、湖北、湖南、安徽、江西、上海、浙江、福建、广东、广西。国外分布于锡金、孟加拉国、印度阿萨姆、缅甸、泰国、老挝、越南和印度尼西亚等地。

种群状况：常见种。

濒危和保护等级：国家“三有”动物。

大岭山森林公园种群

种群数量：++。种群数量较多。

分布情况：大岭山较为常见。样线调查中发现于茶山顶、大溪水库；为大岭山森林公园新记录物种。

环境特点：森林。

受胁因素：森林砍伐。

（摄影/邱杰君）

淡眉雀鹛 *Alcippe hueti*

幽鹛科 Pellorneidae

物种描述

识别特征：灰眶雀鹛一亚种（*A. morrisonia hueti*）提升的独立种。体长12~14 cm的小型鸟类，雌雄相似，喧闹而好奇的群栖型雀鹛。白色眼圈非常明显，头部、颈部灰色，头顶有不显著的冠纹，上体、翅、尾褐色，下体皮黄色，中央尾羽具不明显的暗色横隐纹，各尾羽末端羽轴尖出。

生活习性：喜在林缘灌丛活动，常成小群。也常与其他小鸟混群，敢大胆围攻小型鸮类及其他猛禽。繁殖期4~7月，常营巢于林下灌丛近地面的枝杈上，主要以昆虫及幼虫为食，也吃植物的果实、种子、嫩叶及嫩芽等，偶也吃少量谷粒等农作物。

分布：国内分布于安徽、江西、浙江、福建、广东、澳门、广西。国外分布于缅甸、老挝、越南、柬埔寨。

种群状况：常见种。

濒危和保护等级：国家“三有”动物。

大岭山森林公园种群

种群数量：++。种群数量较多。

分布情况：大岭山较为常见。样线调查中发现于白石山。

环境特点：森林。

受胁因素：森林砍伐。

（摄影/邱杰君）

画眉 *Garrulax canorus*

噪鹛科 Leiothrichidae

物种描述

识别特征： 体长21~24 cm的中型鸟类，雌雄相似，上体棕褐色，喙偏黄色，头顶、颈背及喉部具深褐色细纹，其眼圈白色并在眼后延伸白色过眼纹，是识别画眉的关键特征，也是它名字的来由。腹部深灰色，尾羽基部棕褐色过渡至末端的深褐色并具深褐色横纹。

生活习性： 栖息在低山丘陵及林缘灌丛，性格机敏胆怯，喜在灌丛中跳跃、穿飞及栖息，不善远距离飞行。画眉善于鸣唱，声音婉转多变，尤其是繁殖季整天不带重复地唱个不停。领域意识强，在繁殖季两只成年雄鸟相遇必将有一场激烈的斗争，繁殖期5~8月，每窝3~4枚，卵为天蓝色，孵化期14天左右。主要以昆虫为食，偶也吃果实及种子。

分布： 国内分布于河南、陕西、甘肃、云南、四川、重庆、贵州、湖北、湖南、安徽、江西、江苏、上海、浙江、福建、广东、香港、澳门、广西。国外分布于越南和老挝的北部。

种群状况： 较为常见。

濒危和保护等级： 国家二级保护野生动物，CITES附录II。

大岭山森林公园种群

种群数量： ++。有一定的种群数量。

分布情况： 大岭山较为常见。在布设的30台红外相机中9台拍摄到15次；在样线调查中发现于灯心塘、长湖水库、水翁湿地（在鸡公仔里面）。

环境特点： 丘陵、林缘。

受胁因素： 森林砍伐、人为捕抓。

（摄影/谢志伟）

黑脸噪鹛 *Garrulax perspicillatus*

噪鹛科 Leiothrichidae

● 物种描述

识别特征： 体长27~32 cm的中型鸟类，雌雄相似，前额、眼先及耳羽黑色，上体暗褐色，腹部近白色，翼上覆羽和最内侧飞羽暗灰褐色，其余飞羽褐色，臀部及尾下覆羽黄褐色，尾羽褐色，外侧尾羽末端黑褐色，喙近黑色，脚红褐色。

生活习性： 栖息于浓密的林缘、竹林、灌丛及城市公园，常结小群活动，有时也和白颊噪鹛混群，性格活跃喧闹，活动时常喋喋不休地鸣叫。繁殖期4~7月，每窝产3~5枚，孵化期14天左右，杂食性，多在地面取食，主要以昆虫为食，也吃其他无脊椎动物、植物果实及种子、玉米、稻谷等农作物。

分布： 国内分布于山东、河南、山西、陕西、云南、四川、重庆、贵州、湖北、湖南、安徽、江西、江苏、上海、浙江、福建、广东、香港、澳门、广西。国外分布于老挝、越南。

种群状况： 常见种。

濒危和保护等级： 国家“三有”动物。

● 大岭山森林公园种群

种群数量： ++。种群数量较多。

分布情况： 大岭山较为常见。在布设的30台红外相机中5台拍摄到8次；在样线调查中11条样线均有发现。

环境特点： 林缘。

受胁因素： 森林砍伐。

（摄影/张语之）

黑喉噪鹛 *Garrulax chinensis*

噪鹛科 Leiothrichidae

● 物种描述

识别特征： 体长24~29 cm的中型鸟类，雌雄相似，前额、眼先、眼周、颏部及喉部绒黑色，耳羽白色，头顶至后颈灰蓝色。眼下有一大块白斑，背部、两翼及臀部黑褐色，胸部和腹部灰色，外侧飞羽灰色或银灰色，内侧飞羽黑褐色，尾暗橄榄褐色且具黑色端斑。

生活习性： 栖息于1500 m以下的低山丘陵，有时也见农田地边，常结小群活动，也偶见单独或成对活动，多在林下灌木穿梭跳跃，活动时频繁发出叫声，常在地面活动，繁殖期4~7月，每窝产3~5枚，孵化期14天左右，主要以昆虫为食，偶也吃少量植物果实及种子。

分布： 国内分布于云南、浙江、广东、澳门、广西、海南。国外分布于柬埔寨、老挝、缅甸、泰国、越南。

种群状况： 常见种。

濒危和保护等级： 国家二级重点保护动物。

● 大岭山森林公园种群

种群数量： ++。种群数量较多。

分布情况： 大岭山较为常见。在布设的30台红外相机中5台拍摄到9次；为大岭山森林公园新记录物种。

环境特点： 低山丘陵。

受胁因素： 森林砍伐。

（摄影/谢志伟）

黑领噪鹛 *Garrulax pectoralis*

噪鹛科 Leiothrichidae

● 物种描述

识别特征：体长28~34 cm的中型鸟类，雌雄相似，头部图案复杂，明显的长眉纹及眼先白色，耳羽黑色附带白纹，胸部具灰色或黑色领环，上体棕褐色，颈部向下至两胁棕红色，其余下体白色，尾褐色，喙深灰色，脚灰褐色。

生活习性：栖息于阔叶林及林缘，常结小群活动，有时也和其他噪鹛混群，较少飞翔，多在地面觅食，性格机警，平时多躲藏于茂密灌丛等阴暗处，繁殖期4~7月，每窝产3~5枚，孵化期14天左右，主要以昆虫为食，偶也吃植物果实及种子。

分布：国内分布于云南、陕西、甘肃、四川、重庆、贵州、湖北、湖南、安徽、江西、江苏、上海、浙江、福建、广东、香港、澳门、广西、海南。国外分布于尼泊尔、不丹、孟加拉国、印度阿萨姆、缅甸、泰国、老挝、越南。

种群状况：常见种。

濒危和保护等级：国家“三有”动物。

● 大岭山森林公园种群

种群数量：++。种群数量较多。

分布情况：大岭山较为常见。在布设的30台红外相机中16台拍摄到41次。

环境特点：林缘。

受胁因素：森林砍伐。

（摄影/梁智健）

八哥 *Acridotheres cristatellus*

椋鸟科 Sturnidae

物种描述

识别特征：体长23~25 cm的中型鸟类，雌雄相似，通体乌黑色，具金属光泽，前额长而竖直的冠羽突出，喙浅黄色，两翅有大白斑，飞翔时较为明显呈“八”字形，尾下覆羽黑色且具白色横斑且末端为白色，站立时体侧露出一小块白翼斑，脚黄色。亚成鸟略呈咖啡色。

生活习性：栖息海拔2000 m以下的低山丘陵及人工林林缘、疏林、园圃、城市公园等，偶也见停留电线上、路灯上、路面等，性格活跃，常结小群活动，繁殖期4~8月，营巢于树洞和建筑物洞穴中，每窝产卵4~6枚，卵蓝绿色，孵化期14天左右，主要以各种昆虫及幼虫为食，也吃植物果实及种子和部分农作物。

分布：国内分布于北京、山东、河南、陕西、甘肃、新疆、云南、四川、重庆、贵州、湖北、湖南、江西、江苏、上海、浙江、福建、广东、香港、澳门、广西、海南、台湾。国外分布原产地：老挝、缅甸、越南；引进：阿根廷、文莱、日本、马来西亚、菲律宾、新加坡；旅鸟：泰国。

种群状况：常见种。

濒危和保护等级：国家“三有”动物。

大岭山森林公园种群

种群数量：++。种群数量较多。

分布情况：大岭山较为常见。样线调查中发现于白石山、茶山顶。

环境特点：低山丘陵。

受胁因素：人为干扰。

（摄影/邱杰君）

黑领椋鸟 *Gracupica nigricollis*

椋鸟科 Sturnidae

物种描述

识别特征： 体长27~29 cm的中型鸟类，雌雄相似，眼先、眼周及颊部裸露皮肤黄色，喙黑色，头部和下体白色，颈部黑色延伸至上胸，形成极为醒目的宽阔黑色颈环，背部和两翼黑色，初级覆羽白色，中覆羽和大覆羽具白色尖端，腰白色，尾羽黑色但末端白色，脚黄色。幼鸟无黑色颈环，背部灰褐色。

生活习性： 栖息于山脚平原、农田、草坡等开阔地带，常结小群活动，有时也和其他八哥混群，鸣叫声较单调嘈杂，繁殖期4~8月，每窝产卵4~6枚，卵色不固定，孵化期17天左右，主要以各种昆虫为食，也吃植物果实及种子和其他无脊椎动物。

分布： 国内分布于陕西、云南、四川、重庆、贵州、湖北、湖南、安徽、江西、江苏、上海、浙江、福建、广东、香港、澳门、广西、海南、台湾。国外分布于柬埔寨、老挝、缅甸、泰国、越南、马来西亚、新加坡、文莱。

种群状况： 常见种。

濒危和保护等级： 国家“三有”动物。

大岭山森林公园种群

种群数量： ++。种群数量较多。

分布情况： 大岭山较为常见。样线调查发现于白石山、灯心塘、大溪水库。

环境特点： 山脚平原。

受胁因素： 人为干扰。

（摄影/ 邱杰君）

虎斑地鸫 *Zoothera dauma*

鸫科 Turdidae

物种描述

识别特征：体长28~30 cm的中型鸟类，雌雄相似，上体褐色，下体白色，眼圈白色，耳区有一道黑褐斑，通体布满清晰黑色及金皮黄色的鳞状斑羽缘，以胸部和背部较为密集，背部密集的鳞状斑特征可与其他地鸫属的种类区分，眼先白色，无眉纹，喙褐色，下喙基部黄色，脚肉色。

生活习性：栖息于山地森林，性格羞怯，地栖性，单独或成对活动，多在森林地面觅食，奔走迅疾，善跳行，繁殖期5~8月，每窝产卵4~5枚，孵化期12天左右，主要以昆虫和无脊椎动物为食，也吃少量植物果实、种子和嫩叶嫩芽，幼鸟则主要以鳞翅目幼虫和蚯蚓为食。

分布：国内分布于各省份。国外分布于西伯利亚东南部、俄罗斯远东、朝鲜、日本、巴基斯坦、尼泊尔、克什米尔、锡金、不丹、孟加拉国、印度、缅甸、老挝、越南、泰国、斯里兰卡、菲律宾、马来西亚、印度尼西亚、巴布亚新几内亚和澳大利亚。

种群状况：常见种。

濒危和保护等级：国家“三有”动物。

大岭山森林公园种群

种群数量：++。种群数量一般。

分布情况：冬候鸟。在布设的30台红外相机中均有拍摄到，共拍摄到421次；在样线调查中发现于白石山、插旗石、大溪水库；为大岭山森林公园新记录物种。

环境特点：森林。

受胁因素：森林砍伐。

（摄影/邱杰君）

乌灰鸫 *Turdus cardis*

鸫科 Turdidae

物种描述

识别特征：体长21~23 cm的中型鸟类，雌雄两色，雄性：喙黄色的眼圈，头部、颈部、喉部、胸部为黑色，背部和两翼为深灰色，下体白色，腹部和两胁具有黑色斑点；雌性：与灰背鸫雌鸟甚似，喙近黑色，上体褐色，但个体稍小，且两胁橙色区域较小，黑色斑点分布较大。

生活习性：栖息于海拔2000 m以下的山地森林，秋冬季出现在林缘灌丛及农田附近。单独活动，但迁徙时结小群，地栖性，性格羞怯胆小，繁殖期5~8月，每窝产卵3~5枚，孵化期14天左右。主要以昆虫为食，也吃植物果实及种子，冬季较喜欢吃树上的果实。

分布：国内分布于北京、山东、河南、云南、四川、贵州、湖北、湖南、安徽、江西、江苏、上海、浙江、福建、广东、香港、澳门、广西、海南、台湾。国外分布于日本、韩国、朝鲜、老挝、俄罗斯、越南、泰国。

种群状况：常见种。

濒危和保护等级：国家“三有”动物。

大岭山森林公园种群

种群数量：+。种群数量不多。

分布情况：冬候鸟。在布设的30台红外相机中16台拍摄到47次；在样线调查中发现于灯心塘、茶山顶、金鸡咀水库、长湖水库。

环境特点：森林。

受胁因素：森林砍伐。

（摄影/邱杰君）

灰背鸫 *Turdus hortulorum*

鸫科 Turdidae

物种描述

识别特征：体长20~23 cm的中型鸟类，雌雄两色，雄性上体、胸部灰色，喉部灰白色，腹部白色且两侧较大面积为橙色，翼下覆羽橙色，飞行时较为明显，雌性上体偏褐色，部分个体具不清晰白色眉纹，胸部白色且具浓密黑色斑点，两胁也呈橙色。幼鸟上体橄榄褐色，下体污白色且具暗色纵纹，胸部有斑点。

生活习性：栖息在低山丘陵、林缘、荒地、农田等开阔地带，地栖性，善地上跳跃行走和地上觅食，繁殖期极善鸣叫，清晨和傍晚最为频繁，主要以昆虫为食，也吃蚯蚓和植物果实及种子。繁殖期5~8月，每窝产卵3~5枚，孵化期14天左右。

分布：国内除宁夏、西藏、青海外，分布于其他各省份。国外分布于日本、朝鲜、韩国、俄罗斯、越南。

种群状况：常见种。

濒危和保护等级：国家“三有”动物。

大岭山森林公园种群

种群数量：++。种群数量一般。

分布情况：冬候鸟。在布设的30台红外相机中28台拍摄到397次；在样线调查中发现于灯心塘、茶山顶、金鸡咀水库、长湖水库。

环境特点：森林。

受胁因素：森林砍伐。

（摄影/庄国郑）

乌鸫 *Turdus mandarinus*

鸫科 Turdidae

物种描述

识别特征：体长24~29 cm的中型鸟类，雌雄两色，雄性：通体黑色，喙橙黄色，眼圈黄色，脚黑褐色；雌性：通体偏褐色，喉部至上胸淡黄褐色并具少许斑纹，眼圈颜色略淡。幼鸟似雌鸟，但更偏黄褐色，且没有黄色眼圈。

生活习性：栖息生境多样，偏远的山区到繁忙的城市都可以见到乌鸫的身影，喜在农田、公园、村庄活动，多在地上觅食，叫声嘹亮动听，像是人类的口哨声，并且善模仿其他鸟鸣，繁殖期4~7月，每窝产卵4~6枚，孵化期15天左右。主要以无脊椎动物为食，善捕抓蚯蚓，秋冬季多以植物种子为食。

分布：国内分布于北京、河北、山东、河南、山西、陕西、内蒙古、甘肃、云南、四川、重庆、贵州、湖北、湖南、安徽、江西、江苏、上海、浙江、福建、广东、香港、澳门、广西、海南、台湾。国外分布于欧亚大陆及大洋洲。

种群状况：常见种。

濒危和保护等级：国家“三有”动物。

大岭山森林公园种群

种群数量：++。种群数量较多。

分布情况：大岭山较为常见。在布设的30台红外相机中2台拍摄到4次；在样线调查中发现于白石山、插旗石。

环境特点：林缘。

受胁因素：人为干扰。

（摄影/张语之、邱杰君、谢志伟）

橙头地鸫 *Geokichla citrina*

鸫科 Turdidae

● 物种描述

识别特征： 体长19~22 cm的中型鸟类，雌雄相似，头顶、颈背、胸部及腹部为橙色，尤其头顶羽色较深，颊部、颏部及喉部淡皮黄色，背部、腰部、尾羽及尾上覆羽为蓝灰色，两翼灰色，喙黑褐色或黑色，脚橙黄色或肉黄色，雌鸟背部及上体橄榄灰色或橄榄褐色，下体橙色，较雄鸟颜色略浅。

生活习性： 栖息于低山丘陵，尤喜常绿阔叶林，也偶见次生林、竹林及农田地边。性胆怯，喜多阴森林，常躲藏在林下茂密的灌木丛中，善鸣叫，鸣声甜美清晰。繁殖期5~7月，每窝产卵3~4枚，孵化期14天左右。主要以昆虫及幼虫为食，也吃植物果实及种子。

分布： 国内分布于河南、陕西、安徽、江苏、浙江、重庆、贵州、湖北、湖南、江西、广东、香港、澳门、广西、云南、海南。国外分布于孟加拉国、不丹、柬埔寨、印度、印度尼西亚、老挝、马来西亚、缅甸、尼泊尔、巴基斯坦、泰国、越南、新加坡、斯里兰卡。

种群状况： 常见种。

濒危和保护等级： 国家“三有”动物。

● 大岭山森林公园种群

种群数量： +。种群数量不多。

分布情况： 冬候鸟，大岭山不常见。在布设的30台红外相机中3台拍摄到4次。

环境特点： 低山丘陵。

受胁因素： 人为干扰。

（摄影/张语之 ）

仙八色鸫 *Pitta nympha*

八色鸫科 Pittidae

物种描述

识别特征： 体长18~22 cm的小型鸟类，雌雄相似，喙黑色，头顶栗色且有黑色顶冠纹，前额到颈后有一道黑斑，背部橄榄绿色，眉纹白色或淡黄色较窄长，两翅蓝绿色且具亮蓝色肩斑，腰部亦为亮蓝色，初级飞羽黑色，中段有白斑，飞行时可见，下体灰白色，仅腹部中央至尾下覆羽朱红色，尾上覆羽亮蓝色，尾羽黑色且末端蓝色。

生活习性： 栖息于平原至低山的次生阔叶林内，常在灌木草丛间单独活动，地栖性，性格机敏胆小，动作敏捷，善跳跃，繁殖期5~7月，每窝产卵4~6枚，卵污白色，孵化期15天左右。主要以昆虫及无脊椎动物及幼虫为食。

分布： 国内分布于河北、天津、山东、河南、甘肃、云南、贵州、湖北、湖南、安徽、江西、江苏、上海、浙江、福建、广东、香港、澳门、广西、海南、台湾。国外分布于文莱、日本、朝鲜、韩国、马来西亚、越南、加里曼丹岛。

种群状况： 较为少见。

濒危和保护等级： 国家二级保护野生动物，IUCN红色名录易危等级（VU），CITES附录II。

大岭山森林公园种群

种群数量： +。种群数量较少。

分布情况： 旅鸟，大岭山偶见。在布设的30台红外相机中4台拍摄到8次。

环境特点： 森林。

受胁因素： 森林砍伐。

（摄影/谢志伟）

红尾歌鸲 *Larvivora sibilans*

鹟科 Muscicapidae

物种描述

识别特征：体长13~14 cm的小型鸟类，雌雄相似，上体褐色，尾和尾上覆羽棕红色，下体白色为主，眉纹浅黄色或灰白色，颏部、喉部、胸部和两胁有鳞状斑，喙黑色，脚粉褐色，站立时尾巴常翘起且不停颤动。与其他雌歌鸲和鹟类的区别为尾棕红色。

生活习性：栖息于常绿阔叶林下灌丛间，多单个活动，性格活跃，常在灌丛间奔跑、跳跃等，鸣声为较单调的长哨音，善于藏匿，繁殖期6~7月，每窝产卵4~6枚，孵化期15天左右，主要以各种昆虫及幼虫为食。

分布：国内分布于黑龙江、吉林、辽宁、北京、天津、河北、山东、河南、内蒙古、西藏、四川、云南、贵州、湖北、湖南、江西、江苏、上海、浙江、福建、广东、香港、澳门、广西、海南、台湾。国外分布于日本、朝鲜、韩国、老挝、俄罗斯、泰国、越南、英国。

种群状况：不太常见。

濒危和保护等级：国家“三有”动物。

大岭山森林公园种群

种群数量：+。种群数量不多。

分布情况：冬候鸟。在布设的30台红外相机中4台拍摄到22次。

环境特点：森林。

受胁因素：森林砍伐。

（摄影/水　幽）

红胁蓝尾鸲 *Tarsiger cyanurus*

鹟科 Muscicapidae

物种描述

识别特征：体长13~15 cm的小型鸟类，雌雄两色，雄性：上体蓝色或蓝灰色，具白色眉纹，脸部蓝色，下体白色为主，两胁橙色，尾部蓝色；雌性：上体棕褐色，不清晰的白色纹眉，下体白色略带褐色，两胁橙色，尾亦是蓝色。喙黑色，脚黑色或灰褐色。

生活习性：栖息于山地森林、林缘等地，常单独或成对活动，只有迁徙时会成群结队，主要为地栖性，停歇时常上下摆尾，繁殖期4~5月，每窝产卵5~6枚，孵化期14天左右。主要以昆虫及幼虫为食，也吃少量植物种子。

分布：国内分布除西藏外，见于各省份。国外分布于东欧，自乌拉尔西部往东经西伯利亚到太平洋鄂霍次克海岸、堪察加半岛、俄罗斯远东、朝鲜、日本，南至阿富汗、巴基斯坦和喜马拉雅山区等地，越冬于泰国、中南半岛和印度。

种群状况：不太常见。

濒危和保护等级：国家“三有”动物。

大岭山森林公园种群

种群数量：+。种群数量不多。

分布情况：冬候鸟，大岭山不太常见。在布设的30台红外相机中5台拍摄到10次；在样线调查中发现于湿地水翁。

环境特点：森林。

受胁因素：森林砍伐。

（摄影/邱杰君）

鹊鸲 *Copsychus saularis*

鹟科 Muscicapidae

物种描述

识别特征：体长19~22 cm的中型鸟类，雌雄两色，雄性：头部、胸部及上体具金属光泽的蓝黑色，腹部白色，两翼近黑色，次级飞羽及部分覆羽白色，停歇时白斑极为明显，尾羽较长且中央尾羽为黑色，臀部及尾下覆羽为白色；雌性：上体及胸部灰色，其余特征与雄性相似。亚成鸟似雌鸟且胸部具杂斑。

生活习性：常见的留鸟，喜在人类活动的地方栖息，性格活跃，多在地面觅食，休息时常展翅翘尾，繁殖期常为争偶而打斗，通常营巢于树洞及建筑物洞穴，偶见枝丫处。繁殖期4~7月，每窝产卵4~6枚，孵化期14天左右。主要以各种小昆虫及果实为食，也吃蜘蛛、蜈蚣等其他小型无脊椎动物。

分布：国内分布于西藏、云南、江西、河南、陕西、甘肃、四川、重庆、贵州、湖北、湖南、安徽、江西、江苏、上海、浙江、福建、广东、香港、澳门、广西、海南。国外分布于印度、巴基斯坦、尼泊尔、锡金、不丹、孟加拉国、缅甸、越南、泰国、老挝、柬埔寨、斯里兰卡、马来西亚、菲律宾和印度尼西亚等南亚和东南亚地区。

种群状况：常见种。

濒危和保护等级：国家“三有”动物。

大岭山森林公园种群

种群数量：++。种群数量较多。

分布情况：大岭山常见种。在布设的30台红外相机中3台拍摄到3次；在12样线调查中11条有发现。

环境特点：低山丘陵。

受胁因素：人为干扰。

（摄影/张语之）

北红尾鸲 *Phoenicurus auroreus*

鹟科 Muscicapidae

● 物种描述

识别特征： 体长14~15 cm的小型鸟类，雌雄两色，雄性：头顶及枕部灰白色，眼先、头侧、喉部、上背及两翼褐黑色，但次级飞羽基部为白色，极为显眼，下体橙棕色，中央尾羽黑褐色，其余尾羽橙棕色；雌鸟：上体橄榄褐色，下体黄褐色，白色翼斑较雄性略小，也有棕红色的腰。

生活习性： 主要栖息于山地、林缘及居民附近的丛林，行动敏捷，性胆怯，常站树枝头观察，发现猎物疾速飞去捕食，然后又返回原处，停歇时常摆尾和点头。繁殖期4~7月，一年繁殖2~3窝，每窝产卵6~8枚，孵化期13天左右。主要以各种小昆虫为食，偶也吃浆果及草籽。

分布： 国内除新疆外其余各省份均有分布。国外分布于不丹、印度、日本、韩国、朝鲜、老挝、蒙古国、缅甸、俄罗斯、泰国和越南。

种群状况： 较常见。

濒危和保护等级： 国家“三有”动物。

● 大岭山森林公园种群

种群数量： +。种群数量一般。

分布情况： 冬候鸟、大岭山较为常见。在布设的30台红外相机中1台拍摄到4次；在12样线调查中10条有发现。

环境特点： 林缘。

受胁因素：森林砍伐、人为干扰。

（摄影/邱杰君、张语之）

紫啸鸫 *Myophonus caeruleus*

鹟科 Muscicapidae

物种描述

识别特征：体长29~35 cm的中型鸟类，雌雄相似，前额基部和眼先黑色，其余全身上下深紫蓝色并具有金属光泽的淡紫色点斑，羽色鲜艳且具醒目的点斑，喙黄色或黑色且喙尖弯起，脚黑色。

生活习性：栖息于海拔3800 m以下的山地森林、溪流沿岸，多单个或成对活动，性格活跃机警，地栖性，在地面活动时跳跃式前进，停歇时尾羽常散开并摆动，繁殖期4~7月，每窝产卵3~5枚，孵化期14天左右。营巢多置于溪边岩石上及岩缝间，偶也见山洞口筑巢。主要以昆虫及其幼虫为食，偶也吃果实、种子及小鱼小蟹。

分布：国内分布于新疆、西藏、云南、贵州、四川、广西、北京、河北、山东、河南、山西、陕西、内蒙古、宁夏、甘肃、湖北、湖南、安徽、江西、江苏、上海、浙江、福建、广东、香港、澳门。国外分布于阿富汗、孟加拉国、不丹、柬埔寨、印度、印度尼西亚、哈萨克斯坦、吉尔吉斯斯坦、老挝、马来西亚、缅甸、尼泊尔、巴基斯坦、塔吉克斯坦、泰国、土库曼斯坦、乌兹别克斯坦、越南、伊朗。

种群状况：常见种。

濒危和保护等级：国家“三有”动物。

大岭山森林公园种群

种群数量：++。种群数量较多。

分布情况：大岭山常见种。在布设的30台红外相机中27台拍摄到707次；在12样线调查中11条有发现。

环境特点：山地森林。

受胁因素：森林砍伐。

（摄影/邱杰君、张语之）

红胸啄花鸟 *Dicaeum ignipectus*

啄花鸟科 Dicaeidae

● 物种描述

识别特征： 体长7~9 cm的小型鸟类，雌雄两色，雄性：脸颊至颈侧黑色，头顶、枕部至上体及两翼蓝绿色，飞羽羽干黑色，次级飞羽羽缘橄榄黄色，下体皮黄色，胸部具朱红色横斑，腹部有一道黑色纵纹，尾羽黑褐色；雌性：上体淡绿色，眼先灰白色，腰部及尾长覆羽浅黄色，下体皮黄色。亚成鸟似雌鸟，但羽色较黯，没有成鸟辉亮。

生活习性： 栖息原始森林中下层或阔叶林及溪边树丛，繁殖期单独或成对活动，其他季节结小群，常在高树顶处活动，偶见和绣眼鸟混群，性格活泼，繁殖期4~7月，每窝产卵2~3枚，孵化期14天左右，主要以昆虫和植物性果实为食。

分布： 国内分布于河南、陕西、甘肃、西藏、云南、四川、贵州、湖北、湖南、江苏、浙江、福建、广东、香港、澳门、广西、海南、台湾。国外分布于孟加拉国、不丹、柬埔寨、印度、老挝、马来西亚、缅甸、尼泊尔、巴基斯坦、泰国、越南。

种群状况： 较为常见种。

濒危和保护等级： 国家“三有”动物。

● 大岭山森林公园种群

种群数量： ++。种群数量较多。

分布情况： 大岭山不常见种。

环境特点： 山地森林。

受胁因素： 森林砍伐。

（摄影/谢志伟）

叉尾太阳鸟 *Aethopyga christinae*

花蜜鸟科 Nectariniidae

物种描述

识别特征：体长8~11 cm的小型鸟类，雌雄两色，雄性：喙弯曲而细长，头冠及颈背墨绿色，面部和耳羽黑色，上体橄榄绿色，腰部黄色，尾上覆羽及中央尾羽金属墨绿，两条中央尾羽延长，喉部至胸侧暗红色，腹部黄绿色；雌性：体型稍小，羽色较暗淡，头顶灰色且具暗色鳞状斑，上体橄榄色，腰黄色，下体浅黄色，没有延长的中央尾羽，尾羽黑褐色，外侧尾羽具白色端斑。

生活习性：栖息于中低海拔的林地和种植园，甚至城镇，常单个或成对活动，极善飞行，有悬飞本领且可以灵活地在花丛间穿梭，繁殖期3~5月，每窝产卵2~4枚，孵化期15天左右，主要以花蜜为食，偶也吃小昆虫等动物性食物。

分布：国内分布于河南、云南、四川、重庆、贵州、湖北、湖南、江西、浙江、福建、广东、香港、澳门、广西、海南。国外分布于越南、老挝。

种群状况：较为常见种。

濒危和保护等级：国家“三有”动物。

大岭山森林公园种群

种群数量：++。种群数量较多。

分布情况：大岭山常见种。样线法调查发现于白石山、插旗石、茶山顶、金鸡咀水库、林科园。

环境特点：低山丘陵。

受胁因素：人为干扰。

（摄影/戴国辉）

白腰文鸟 *Lonchura striata*

梅花雀科 Estrildidae

物种描述

识别特征： 体长10~12 cm的小型鸟类，雌雄相似，上体深褐色，头部栗褐色，背部和胸部褐色，均遍布白色纵纹，腰白色，尾黑色，两翼黑褐色，腹部和两胁灰白色且具鳞状斑，喙粗壮呈三角锥形。亚成鸟色较淡，腰羽和下体略带黄色。

生活习性： 栖息于林缘、农田耕地及城市公园，属于伴人而居的鸟类，繁殖季成对或家族群活动，非繁殖期可以集成数百只的大群，晚上成群抱团取暖在树上，繁殖期3~9月，每窝产卵4~7枚，孵化期14天左右，主要以植物性种子为食，也吃少量昆虫。

分布： 国内分布于西藏、山东、河南、陕西、甘肃、云南、四川、重庆、贵州、湖北、湖南、安徽、江西、江苏、上海、浙江、福建、广东、香港、澳门、广西、海南、台湾。国外分布于尼泊尔、印度、斯里兰卡、孟加拉国、缅甸、泰国、马来西亚和印度尼西亚等地。

种群状况： 常见种。

濒危和保护等级： 国家“三有”动物。

大岭山森林公园种群

种群数量： ++。种群数量较多。

分布情况： 样线调查发现于白石山。

环境特点： 农田耕地。

受胁因素： 人为干扰。

（摄影/邱杰君、张语之）

斑文鸟 *Lonchura punctulata*

梅花雀科 Estrildidae

物种描述

识别特征：体长10~12 cm的小型鸟类，雌雄相似，上体褐色，头部栗褐色，前额、脸颊及喉部颜色较深，两翼暗褐色，下体白色，前胸及两胁具深褐色鳞状斑，下背、腰及尾上覆羽灰褐色。亚成鸟上体棕褐色，下体黄色较淡且无鳞状斑。

生活习性：栖息于农田耕地、林缘疏林等地，除繁殖期成对活动外，常成群20~30只，甚至上百只的大群，有时也和白腰文鸟混群，多在草丛和地上活动，休息时也多抱团聚在一起，飞行迅速，扇翅有力，常发出振翅声响，繁殖期3~8月，一年可繁殖2~3窝，每窝产卵4~8枚，孵化期14天左右，主要以谷粒等农作物为食，也吃草籽和种子及少量昆虫。

分布：国内分布于西藏、云南、四川、重庆、贵州、湖北、湖南、安徽、江西、江苏、上海、浙江、福建、广东、香港、澳门、广西、海南、台湾。国外分布于孟加拉国、文莱、柬埔寨、印度、印度尼西亚、老挝、马来西亚、缅甸、尼泊尔、斯里兰卡、泰国、东帝汶、越南、日本、阿富汗、不丹、菲律宾和新加坡。

种群状况：常见种。

濒危和保护等级：国家“三有”动物。

大岭山森林公园种群

种群数量：++。种群数量较多。

分布情况：大岭山常见种。样线调查发现于茶山顶、马鞍山。

环境特点：农田耕地。

受胁因素：人为干扰。

（摄影/张语之）

麻雀 *Passer montanus*

雀科 Passeridae

● 物种描述

识别特征：体长13~15 cm的小型鸟类，雌雄相似，头顶至颈背栗棕色，眼先、耳羽、喉部具黑色斑纹，脸颊、颈侧至颈背具灰白色领环，上体棕褐色，背部和肩部棕褐色且具黑色纵纹，中覆羽及大覆羽具白色横斑，腰部褐色，胸部和腹部皮黄灰色，两胁及尾下覆羽灰褐色。

生活习性：栖息于林缘疏林及接近人类的环境，包括城市和乡村。性格活泼胆大，易近人但警惕性高，常营巢于人类的房屋处的屋檐、墙洞及占领燕巢。野外也见筑巢树洞，个别会在树上筑巢，经常结群活动，繁殖期4~8月，每窝产卵4~6枚，孵化期14天左右。主要以谷粒等农作物为食，也吃草籽和种子及少量昆虫。

分布：国内分布于各省份。国外分布相当广泛，除极寒冷的南北极和高山荒漠，在世界各地均有分布。

种群状况：常见种。

濒危和保护等级：国家“三有”动物。

● 大岭山森林公园种群

种群数量：++。种群数量较多。

分布情况：大岭山常见种。样线调查发现于白石山、插旗石、马鞍山。

环境特点：农田耕地。

受胁因素：人为干扰。

（摄影/邱杰君）

灰鹡鸰 *Motacilla cinerea*

鹡鸰科 Motacillidae

物种描述

识别特征：体长16~19 cm的小型鸟类，雌雄相似，体型较纤细，头部及上背灰色，眉纹白色，颊纹白色且下缘灰色，下体黄色，飞行状态时白色翼斑和黄色的腰部较为明显，尾较长，外侧三对尾羽除了第一对为白色外，第二、三对大部分黑色。繁殖羽雄性喉部黑色，下体及尾下覆羽鲜黄色，下体其余为白色。雌性上体较绿灰色，喉部白色。亚成鸟下体偏白色。

生活习性：栖息于林缘、山地溪流、水塘、农田、沼泽等水域岸边，有时也出现在道路上或城市公园，多单独或成对活动，尾羽常上下不停摆动，飞行时两翅一展一收，呈波浪形前进，并边飞边叫，常沿河边或道路行走觅食，主要以昆虫为食，也吃蜘蛛等其他小型无脊椎动物，有时也在空中捕食，繁殖期5~7月，每窝产卵4~5枚，孵化期12天左右，营巢于屋顶、洞穴、石缝等地。

分布：国内分布于各省份。国外分布于欧洲、亚洲和非洲。

种群状况：不太常见。

濒危和保护等级：国家“三有”动物。

大岭山森林公园种群

种群数量：+。种群数量不多。

分布情况：冬候鸟，大岭山秋、冬季可见。样线调查发现于白石山。

环境特点：林缘、河谷、溪流。

受胁因素：森林砍伐、人为干扰。

（摄影/谢志伟）

白鹡鸰 *Motacilla alba*

鹡鸰科 Motacillidae

● 物种描述

识别特征：体长17~20 cm的小型鸟类，上体灰色或黑色，下体白色，喙黑色，虹膜黑褐色，头后、颈背及胸部具黑色斑纹，两翼黑色，翅上小覆羽灰色或黑色，中覆羽、大覆羽白色或尖端白色，形成明显的白色翅斑。尾羽黑色，外侧两对尾羽主要为白色，雌鸟似雄鸟，但颜色更暗。国内有多个亚种，黑色部分多少和分布部位随亚种而异。

生活习性：栖息于近水的开阔地带、草地、农田、人类村落或城镇，常单独成对或呈3~5只小群活动，大部分时间在地面活动，较少上树，多在水边行走或跑步捕食，飞行姿态呈波浪形且边飞边叫，停息时，尾部不停地上下摆动，繁殖期4~7月，每窝产卵4~7枚，孵化期12天左右，主要以昆虫为食。此外，也吃蜘蛛等其他小型无脊椎动物，偶也吃植物种子、浆果等植物性食物。

分布：国内分布于各省份。国外分布在欧亚大陆的大部分地区和非洲北部的阿拉伯地区。

种群状况：常见种。

濒危和保护等级：国家“三有”动物。

● 大岭山森林公园种群

种群数量：++。种群数量较多。

分布情况：大岭山常见种。在11条调查的样线中9条有发现。

环境特点：开阔地带。

受胁因素：人为干扰。

（摄影/邱杰君、张语之）

树鹨 *Anthus hodgsoni*

鹡鸰科 Motacillidae

物种描述

识别特征： 体长15~17 cm的小型鸟类，雌雄相似，喙较细长，上喙黑色，下喙肉黄色，上体橄榄绿色或绿褐色，具褐色纵纹，显著的眉纹白色，耳羽暗橄榄色，耳后有一小白斑，两翼黑褐色具橄榄黄绿色羽缘，中覆羽和大覆羽具白色端斑，下体灰白色，胸部及两胁黑色纵纹较浓密，腹部白色，尾羽黑褐色具橄榄绿色羽缘，最外侧尾羽具楔状白斑。

生活习性： 栖息于林缘、草地及农耕区，较其他鹨类更喜森林环境，常结小群活动，性格机警，觅食在地上，休息在树上，喜欢摆动尾巴，繁殖期6~7月，每窝产卵4~6枚，孵化期14天左右，主要以昆虫及植物种子为食，也吃少量苔藓、蜘蛛、蜗牛等无脊椎动物。

分布： 国内分布于各省份。国外分布于欧洲、亚洲、北美洲。

种群状况： 较为常见。

濒危和保护等级： 国家“三有”动物。

大岭山森林公园种群

种群数量： +。种群数量一般。

分布情况： 冬候鸟。样线调查发现于白石山、茶山顶。

环境特点： 林缘、农耕地。

受胁因素： 森林砍伐、人为干扰。

（摄影/ 邱杰君）

黄腹鹨 *Anthus rubescens*

鹡鸰科 Motacillidae

物种描述

识别特征： 体长15~18 cm的小型鸟类，雌雄相似，体羽较似树鹨，但上体褐色浓重，颈侧具近黑色斑块，眉纹黄白色，耳羽、背部灰褐色，胸部及两胁纵纹浓密，两翼黑褐色具橄榄黄绿色羽缘，中覆羽和大覆羽具白色端斑，初级飞羽及次级飞羽羽缘白色，尾羽黑褐色具橄榄绿色羽缘，最外侧尾羽具楔状白斑。胸部黄白色，其余下体白色。

生活习性： 栖息于山地、林缘、山脚平原草地及农耕区，单独或小群于地面步行觅食，性格活跃，停息时常有规律的上下摆动，繁殖期6~7月，每窝产卵4~5枚，孵化期14天左右，主要以昆虫为食，兼吃植物嫩芽及种子。停息时常有规律的上下摆动。

分布： 国内除宁夏、西藏、青海外见于各省份。国外分布于巴哈马、加拿大、开曼群岛、萨尔瓦多、格陵兰、危地马拉、洪都拉斯、印度、伊朗、以色列、日本、哈萨克斯坦、韩国、墨西哥、巴基斯坦、俄罗斯、圣皮埃尔和密克隆、特克斯和凯科斯群岛、美国等。

种群状况： 不太常见。

濒危和保护等级： 国家"三有"动物。

大岭山森林公园种群

种群数量： +。种群数量一般。

分布情况： 旅鸟，大岭山偶见。样线调查仅发现于白石山。

环境特点： 林缘、农耕地。

受胁因素： 森林砍伐、人为干扰。

（摄影/邱杰君）

白眉鹀 *Emberiza tristrami*

鹀科 Emberizidae

物种描述

识别特征：体长14~15 cm的小型鸟类，头至颈黑色，顶冠纹，眉纹、颊纹均为白色，耳羽和喉部黑褐色，耳羽旁有白斑，背部褐色且具黑色纵纹，胸部棕褐色，小覆羽橄榄灰色，中覆羽和大覆羽暗褐色具白色羽端，在翅上行成两道白色横斑，小翼羽和初级覆羽暗褐色，两胁淡红褐色，腹部以下和尾下覆羽白色，雌雄相似，但雌鸟颜色较淡，雄鸟黑色部分由褐色代替。

生活习性：栖息于海拔700~1100 m的低山混交林、阔叶林及林缘等地，单个或成对活动，迁徙时集小群而从不集大群，性怯疑，善隐蔽，经常躲藏在林下灌丛或草丛活动觅食，很少到农田，在树上也在地面活动，繁殖期除外较少鸣叫，繁殖期5~7月，每年繁殖1~2窝，每窝产卵4~6枚，孵化期13天左右，主要以草籽、种子等植物性食物为食，也吃昆虫。

分布：国内除宁夏、新疆、西藏、青海、海南外，其余各省份有分布。国外分布于日本、韩国、朝鲜、老挝、缅甸、俄罗斯、泰国、越南。

种群状况：不太常见。

濒危和保护等级：国家“三有”动物，广东省重点保护动物。

大岭山森林公园种群

种群数量：+。种群数量一般。

分布情况：冬候鸟。在布设的30台红外相机中5台拍摄到8次。

环境特点：森林。

受胁因素：森林砍伐。

三道眉草鹀 *Emberiza cioides*

鹀科 Emberizidae

● 物种描述

识别特征：体长15~18 cm的小型鸟类，雄性：额、头顶及枕部栗色，耳羽褐色，眉纹、颊部及喉部白色，背部和肩部栗红色并具黑色纵纹，眼先及颧纹黑色且下方有白色带形成“三道眉”，胸部栗色，腰部棕色，腹部污白色。雌性似雄性，但雌性色较淡，眉纹、颧纹及胸部皮黄色，腹部淡栗色。亚成鸟色淡且多细小的纵纹。

生活习性：栖息于山麓平原、丘陵地带及稀疏阔叶林地，性怯疑，单独或成对活动，非繁殖期多成家族或小群，繁殖期4~7月，每年繁殖1~2窝，每窝产卵4~5枚，孵化期13天左右，夏季主要以昆虫为食，其余季节以草种为主。

分布：国内几乎各省份均有分布。国外分布于日本、哈萨克斯坦、老挝、朝鲜、吉尔吉斯斯坦、俄罗斯。

种群状况：较为常见。

濒危和保护等级：国家“三有”动物，广东省重点保护动物。

● 大岭山森林公园种群

种群数量：+。种群数量极少。

分布情况：冬候鸟。样线调查仅发现于水翁湿地。

环境特点：森林。

受胁因素：森林砍伐。

（摄影/水　幽）

三、野生爬行类

摄影/叶润田、李　巍、张语之

有鳞目 SQUAMATA

中国壁虎 *Gekko chinensis*

壁虎科 Gekkonidae

物种描述

识别特征：头尾全长约11 cm。头部较扁，呈三角形，背部粒鳞间距疣鳞，体背灰棕色，背部有较宽横排线状暗纹，尾背横带9条左右。腹面灰白色。趾尖有明显蹼。

生活习性：生活在山区野外岩壁、山洞、石缝或者农舍建筑物，土墙缝隙内。夜间觅食，主要以各种飞蛾、飞蚊、小型昆虫为食，动作敏捷。

分布：国内几乎各省份均有分布。国外分布于日本、哈萨克斯坦、老挝、朝鲜、吉尔吉斯斯坦、俄罗斯。

种群状况：较为常见。

濒危和保护等级：国家“三有”动物。

大岭山森林公园种群

种群数量：++。有一定的种群数量。

分布情况：大岭山较为常见，发现于白石山、碧幽谷、石洞城楼、霸王城、大王岭水库。

环境特点：建筑物裂缝。

受胁因素：老旧建筑物减少、生境破碎化。

（摄影/李　巍、叶润田、邱杰君）

原尾蜥虎 *Hemidactylus bowringii*

壁虎科 Gekkonidae

物种描述

识别特征：头尾全长约8 cm。头体背呈灰棕黄色，背部具有断续不一的灰褐色斑点和纵斑，有时体色较淡，斑纹不易见。尾部似圆柱形，尾端尖，平滑无疣棘。

生活习性：生活在各种建筑物墙缝、屋檐等荫蔽地方。昼伏夜出，主要以飞蛾、飞蚁、蚊子等小型昆虫为食。易断尾，可再生。

分布：国内分布于云南、广东、广西、海南、福建、香港、台湾。国外分布于日本、老挝、越南。

种群状况：较为常见。

濒危和保护等级：国家“三有”动物。

大岭山森林公园种群

种群数量：+。种群数量较少。

分布情况：大岭山较为少见，仅发现于大王岭水库。

环境特点：建筑物裂缝。

受胁因素：生境破碎化。

（摄影/邱杰君、叶润田、李 巍）

股鳞蜓蜥 *Sphenomorphus incognitus*

石龙子科 Scincidae

● 物种描述

识别特征： 全长30 cm左右，身体背部为棕褐色杂有不规则黑褐色小点，身体腹面为黄白色。体鳞平滑，体侧鳞片稍小，两侧有一黑色纵纹由吻部延伸至尾基逐渐淡化。

生活习性： 栖息在中低海拔的丘陵、山地溪边，常见于荒废长满杂草乱石堆中及树林边缘一带活动。日行性。主要以各种昆虫、蝗虫、蟋蟀和小型无脊椎动物为食。

分布： 国内分布于江苏、浙江、安徽、福建、广东、广西、湖北、湖南、江西、台湾、云南。

种群状况： 较常见。

濒危和保护等级： 国家“三有”动物。

● 大岭山森林公园种群

种群数量： +。种群数量较少。

分布情况： 发现于碧幽谷、茶山顶。

环境特点： 山地丘陵、草地或灌木丛。

受胁因素： 森林砍伐。

（摄影/李　巍）

铜蜓蜥 *Sphenomorphus indicus*

石龙子科 Scincidae

物种描述

识别特征： 头体尾长10~20 cm。吻短而钝，头体背呈古铜色。除腹部外，背部、躯体、四肢均具有不规则黑斑。体侧各有一条较宽的黑色纵纹，同时黑纹下方有不规则大小宽度不一的白斑纵行排列。腹部淡黄白色，无斑。

生活习性： 栖息于平原山地、岩壁、阴湿多杂草一带。日行性。常见于雨后初晴出来活动，主要以各种小昆虫为食。

分布： 国内分布于河南、陕西、甘肃、西藏、青海、四川、云南、贵州、湖北、湖南、安徽、浙江、上海、江苏、江西、河南、福建、广西、台湾、海南、香港、广东、台湾。国外分布于印度、锡金、缅甸、泰国。

种群状况： 较常见。

濒危和保护等级： 国家“三有”动物。

大岭山森林公园种群

种群数量： +。种群数量较少。

分布情况： 仅发现于白石山。

环境特点： 丘陵、荒石堆。

受胁因素： 栖息地破碎。

（摄影/丁向运）

中国棱蜥 *Tropidophorus sinicus*

石龙子科 Scincidae

● 物种描述

识别特征： 全长16~20 cm，尾长与体长较为接近，头部、背至尾部无棘突，背部中段具有棱，大棱鳞共6纵，腹部光滑，纹路纵向延伸，呈细长方形，头部和背部棕色或棕灰色，体侧为棕黑色，腹部与背部颜色相近，眼部至腰部有黑色斑纹，四肢有醒目的亮白色条纹，鼓膜较大而不下陷，颊鳞2枚，上唇鳞6枚，额鳞完整，后颏鳞2枚，额鼻鳞2枚，顶鳞一侧为5枚鳞相接。

生活习性： 栖息于海拔450~1400 m的山溪流水旁的浅水涵洞、碎石、杂草丛中，较喜欢阴暗潮湿的地方。主要以昆虫、蜘蛛和其他小型无脊椎动物为食。

分布： 国内分布于广西、广东、香港。国外分布于越南。

种群状况： 较少见。

濒危和保护等级： 国家“三有”动物。

● 大岭山森林公园种群

种群数量： +。种群数量不多。

分布情况： 大岭山不常见，仅发现于林科园。

环境特点： 山涧。

受胁因素： 森林砍伐。

（摄影/李　巍）

中国石龙子 *Plestiodon chinensis*

石龙子科 Scincidae

物种描述

识别特征：全长25 cm左右，体型粗壮，四肢较短。吻鳞较大，背鳞光滑。体背一般为橄榄色或者棕黄色，颈侧体侧有不规则红棕色斑块，腹部白色。幼体体背为黑色，有3~5条浅色纵纹，尾巴呈蓝色，随着成长均逐渐消失。

生活习性：栖息于低海拔的山区、丘陵、平原农耕地带、农村住宅附近、植被茂盛地方。主要以各种昆虫、小型无脊椎动物等为食。

分布：国内分布于上海、江苏、浙江、安徽、福建、台湾、广西、江西、湖北、湖南、广东、香港、海南、四川、贵州、云南。国外分布于越南。

种群状况：较常见。

濒危和保护等级：国家“三有”动物。

大岭山森林公园种群

种群数量：+。种群数量不多

分布情况：仅发现于马鞍山。

环境特点：耕地、灌丛。

受胁因素：化学农药滥用、植被破坏。

南滑蜥 *Scincella reevesii*

石龙子科 Scincidae

● 物种描述

识别特征： 全长约10 cm，尾长是体长的1.5倍左右，身体纤细。吻短钝圆，头略大于颈，四肢短小较弱。体背黄褐色或灰棕色。两侧各有一黑色纵纹从吻端延伸至尾尖，纵纹较宽。纵纹下方灰白色，腹部米黄色。

生活习性： 栖息于低海拔的山地、丘陵，常见于在林地落叶堆、植被茂盛地方活动。主要捕食各种小昆虫。日行性。

分布： 国内分布于青海、陕西、甘肃、宁夏、山西、云南、四川、广西、海南、浙江、福建、香港、广东。

种群状况： 较常见。

濒危和保护等级： 国家“三有”动物。

● 大岭山森林公园种群

种群数量： +。种群数量不多。

分布情况： 发现于长湖水库、白石山。

环境特点： 灌丛、草丛。

受胁因素： 植被破坏。

（摄影/李　巍）

变色树蜥 *Calotes versicolor*

鬣蜥科 Agamidae

物种描述

识别特征：全长40 cm左右，尾长是头体长的2倍有余。头略大，背面浅棕色并有大小不一的深褐色斑块和不规则环纹。眼睛四周有辐射状黑纹。体色随环境深浅变化，发情时雄性体前背至头部变为红色。

生活习性：栖息于中低海拔亚热带地区，农村、公园、路边树丛、绿化带，随处可见他们身影，适应能力强。日行性，主要以各种蟋蟀、蝗虫、蝴蝶飞蛾幼虫成虫等为食。喜欢攀爬上树，常常抬起头部。

分布：国内分布于云南、广东、广西、香港、海南。国外分布于阿富汗、巴基斯坦、尼泊尔、不丹、印度、斯里兰卡、缅甸、泰国、马来西亚、马尔代夫、越南、印度尼西亚、毛里求斯。后引入阿曼、肯尼亚、新加坡和美国。

种群状况：较为常见。

濒危和保护等级：国家“三有”动物。

大岭山森林公园种群

种群数量：++。有一定的种群数量。

分布情况：大岭山较为常见，发现于马鞍山、鸡公仔、白石山。

环境特点：丘陵。

受胁因素：人为干扰。

（摄影/叶润田、邱杰君）

钩盲蛇 *Indotyphlops braminus*

盲蛇科 Typhlopidae

● 物种描述

识别特征： 体型细小幼长，平均体长6~17 cm。小型穴居无毒蛇，似蚯蚓，吻端钝圆略扁，头颈不分，通体呈现黑褐色，腹部色泽比背部略淡，泛有微微金属光泽。尾端尖且硬。

生活习性： 栖息于山区、丘陵。通常穴居于砖块、石块、松软土壤之下较为阴湿地方。山区屋基也常常有它的身影。喜欢雨后出来活动觅食，主要食物是蚂蚁和白蚁以及它们的虫卵和幼虫。

分布： 国内分布于云南、贵州、四川、重庆、广东、广西、海南、澳门、香港、福建、台湾、江西、浙江、湖北。国外分布于南亚、东南亚、日本，引进到非洲、澳大利亚、印度洋及太平洋岛屿、墨西哥、美国（佛罗里达）。

种群状况： 不太常见。

濒危和保护等级： 国家“三有”动物。

● 大岭山森林公园种群

种群数量： +。种群数量一般。

分布情况： 大岭山不太常见，仅发现于马鞍山。

环境特点： 丘陵。

受胁因素： 人为干扰。

（摄影/邱杰君）

横纹钝头蛇 *Pareas margaritophorus*

钝头蛇科 Pareatidae

物种描述

识别特征：身形细长的小型无毒蛇，成体全长30 cm左右。头部吻端钝圆，因而得其名。身体背面呈灰黑色，有些鳞片半黑半白并组成横纹，或是零散的分布在各处，到尾部逐渐淡化。腹部主要呈白色，散有不规则黑褐色斑纹。

生活习性：夜行性，常见于低海拔的地区或山区、农田、校园公园树林、草坪、荒地、水渠边。行动比较缓慢，性情温顺，以蜗牛、蛞蝓为食物。

分布：国内分布于广东、广西、海南、香港、贵州（疑存）。国外分布于泰国、越南、马来西亚、柬埔寨、印度、缅甸、老挝。

种群状况：不太常见。

濒危和保护等级：国家“三有”动物。

大岭山森林公园种群

种群数量：+。种群数量一般。

分布情况：大岭山不太常见，发现于水翁湿地（在鸡公仔里面）、碧幽谷、白石山。

环境特点：丘陵。

受胁因素：人为干扰。

（摄影/李　巍、邱杰君）

白唇竹叶青蛇 *Trimeresurus albolabris*

蝰科 Viperidae

物种描述

识别特征：头部呈三角形，颈细区分明显，头吻侧有明显的颊窝，是管牙类的剧毒蛇。体长60~100 cm。头、体背鲜绿色，上下唇及腹部淡黄白色，体背有不明显的黑白横带，尾部背面有条明显宽阔的红色条纹。雄性腹侧有白色侧线和脸纹，雌性则无脸纹。

生活习性：夜行树栖蛇类，栖息于平原、丘陵以及山区地带，常见于灌木丛、杂草、溪边，以及各种沟渠水域附近。属于伏击型捕食蛇类，常常缠绕在较矮的树枝灌木丛上长时间保持狩猎姿态。主要以各种蛙类、鼠类、鸟类、壁虎、蜥蜴为食。

分布：国内分布于香港、澳门、广东、广西、海南、福建、云南、贵州、江西、湖南。国外分布于尼泊尔、不丹、印度、缅甸、泰国、柬埔寨、老挝、越南、马来西亚、印度尼西亚。

种群状况：较为常见。

濒危和保护等级：国家“三有”动物。

大岭山森林公园种群

种群数量：+。种群数量一般。

分布情况：大岭山不太常见，发现于碧幽谷、白石山。

环境特点：丘陵。

受胁因素：人为干扰。

（摄影/邱杰君、李 巍、叶润田）

紫沙蛇 *Psammodynastes pulverulentus*

屋蛇科 Lamprophiidae

● 物种描述

识别特征：小型后沟牙类毒蛇，头部类似三角形，头颈分明，眼睛较大，瞳孔呈直立椭圆形，体长50 cm左右。背面呈紫褐色，头背及两侧有对称的绿褐色纵纹路向后方延伸，腹面黄褐色，密布紫褐色的斑点，或并列成数条纵纹。

生活习性：栖息于中低海拔以下的平原、山地、山麓，常常能在植被茂盛、阴湿多草地带看见它们。山区住宅周边路上、石缝也有他们的身影，紫沙蛇会根据环境温度改变体色，白昼黄昏均见外出活动觅食，主要以蛙、蜥蜴为食，个别时候会吃蛇。

分布：国内分布于海南、广东、广西、云南、贵州、西藏、香港、福建、台湾、江西、湖南。国外分布于印度尼西亚、马来西亚、泰国、柬埔寨、越南、缅甸、老挝、孟加拉国、尼泊尔、不丹、菲律宾。

种群状况：不太常见。

濒危和保护等级：国家“三有”动物。

● 大岭山森林公园种群

种群数量：+。种群数量一般。

分布情况：大岭山不太常见，发现于茶山顶。

环境特点：山地。

受胁因素：森林开发。

（摄影/ 邱杰君）

舟山眼镜蛇 *Naja atra*

眼镜蛇科 Elapidae

物种描述

识别特征： 体尾长100~190 cm，属于中等偏大型剧毒蛇类。受到威胁惊扰时，颈部会扁平扩大，同时露出呈双圈类似“眼镜”状斑纹，背部呈黑色或者褐色同时伴有白色环纹，幼体极为明显，随着成长则会逐渐淡化甚至完全消失。

生活习性： 日行性。喜欢在丘陵和开阔的地方活动，类似村庄、农田都常常有它们的身影。主要捕食各种蛙类、蟾蜍、鸟类、老鼠、蛇等。每年5月左右出蛰，11月进入冬眠。

分布： 国内分布于浙江、安徽、江西、福建、台湾、广东、香港、澳门、海南、广西、湖南、湖北、重庆、贵州。国外分布于越南、柬埔寨、老挝。

种群状况： 不太常见。

濒危和保护等级： 国家“三有”动物。

大岭山森林公园种群

种群数量： +。种群数量一般。

分布情况： 大岭山不太常见，发现于碧幽谷、白石山、霸王城。

环境特点： 森林、农田。

受胁因素： 盗猎、生境破碎化。

（摄影/张语之、李　巍）

银环蛇 *Bungarus multicinctus*

眼镜蛇科 Elapidae

物种描述

识别特征：全长100~170 cm，属于中等偏大型前沟牙剧毒蛇类。略扁的椭圆形头部，躯干呈圆柱形，脊鳞扩大呈六边形，枕及颈背有污白色的类似“∧”的斑纹，头背黑褐色，自颈后到尾尖都有黑白相间较窄的横纹，腹部米白色或者黄白色，同时伴有零散分布的黑褐色小点。

生活习性：栖息于海拔1500 m以下的山区、平原、丘陵、水资源丰富地带，农田、河道边、水塘边，甚至市区公园都有它的身影，适应能力强，分布甚广。夜行性蛇类，主要以各种鱼类、蛙类、蛇类、黄鳝、泥鳅等为食。

分布：国内分布于台湾、福建、江西、浙江、湖北、安徽、湖南、广东、香港、澳门、海南、广西、云南、贵州、重庆。国外分布于缅甸、老挝、越南。

种群状况：不太常见。

濒危和保护等级：国家“三有”动物。

大岭山森林公园种群

种群数量：+。种群数量一般。

分布情况：大岭山不太常见，仅发现于碧幽谷。

环境特点：森林、湿地。

受胁因素：环境污染、生境破碎化。

（摄影/李　巍）

中国水蛇 *Myrrophis chinensis*

水蛇科 Homalopsidae

物种描述

识别特征： 体长30~70 cm，体型粗短，是中等体型的后沟牙水栖毒蛇类。卵胎生蛇类，头略大，头颈分明，吻端宽钝。其背部棕褐色，具有大小不一、相距不等的黑斑且排成三纵行，背鳞最外行暗灰色，侧边两行土红色。每一腹鳞前半段暗灰色，后半段白黄色。

生活习性： 通常生活在海拔较低的平原、丘陵、山麓地区，常见于河流、溪流、水塘、沟渠、稻田内，高度水栖，主要捕食鱼类、泥鳅、蛙类和虾。

分布： 国内部分于福建、香港、广东、台湾、澳门、海南、广西、重庆、湖南、湖北、江西、安徽、浙江、江苏。国外分布于越南。

种群状况： 不太常见。

濒危和保护等级： 国家“三有”动物。

大岭山森林公园种群

种群数量： +。种群数量一般。

分布情况： 大岭山不太常见，仅发现于林科园。

环境特点： 湿地。

受胁因素： 环境污染。

（摄影/ 岑　鹏）

黄斑渔游蛇 *Xenochrophis flavipunctatus*

游蛇科Colubridae

● 物种描述

识别特征： 全长50~100 cm，中等大小的半水两栖无毒蛇类。头颈分明，体色变化多样。背面多呈灰绿色、黄褐色、黄绿色。自颈到尾由较小的黑色斑点和条纹组成，两侧有明显较大的黑斑，头背暗绿色，眼下眼后就均有一条黑纹，分别斜达唇边和口角。颈部有一个“V”形黑纹。腹面灰白色。性情凶猛，受到威胁时会拱起身体前部，摆出攻击姿态。

生活习性： 半水生，栖息于平原、丘陵、山区水塘边、湖泊、田地、水渠、草丛等潮湿植被丰盛地方。夜行性，主要捕食各种鱼、蛙、蜥蜴、蟾蜍。

分布： 国内分布于香港、广东、广西、澳门、海南、云南、贵州、西藏、福建、台湾、湖南、湖北、浙江、江西、安徽、江苏、陕西。国外分布于缅甸、老挝、越南、柬埔寨、马来西亚、新加坡。

种群状况： 不太常见。

濒危和保护等级： 国家“三有”动物。

● 大岭山森林公园种群

种群数量： +。种群数量一般。

分布情况： 大岭山不太常见，发现于白石山和大王岭水库。

环境特点： 湿地。

受胁因素： 环境污染。

（摄影/叶润田）

三索锦蛇 *Coelognathus radiatus*

游蛇科Colubridae

● 物种描述

识别特征： 体长1 m以上，是大型无毒蛇类。头体背灰褐色或棕黄色。顶鳞后有一黑色横纹，头部两侧、眼后、眼下均有3条放射状黑线而得名“三索”。身体前半段两边均有2~4条不规则的断续的黑色纵纹，最靠近背部的两侧纵纹较粗大，腹面淡灰色。

生活习性： 栖息于中低海拔的平原、山区、丘陵地带。农村房前屋后，田间路边均有它们身影，主要捕食鼠类，也食蛙、蜥蜴、鸟类。生性凶猛，受到威胁时会侧扁颈部，拱起身体前半段保持“S”形攻击姿态。

分布： 国内分布于广东、广西、福建、云南、贵州。国外分布于印度尼西亚、新加坡、马来西亚、泰国、缅甸、老挝、柬埔寨、尼泊尔、不丹、孟加拉国、印度。

种群状况： 不太常见。

濒危和保护等级： 国家二级保护野生动物。

● 大岭山森林公园种群

种群数量： +。种群数量一般。

分布情况： 大岭山不太常见，仅发现于马鞍山。

环境特点： 丘陵。

受胁因素： 人为干扰。

（摄影/岑　鹏）

棕脊蛇 *Achalinus rufescens*

闪皮蛇科 Xenodermidae

物种描述

识别特征：小型穴居无毒蛇类，全长20~40 cm。身上无花纹，背面黄棕色，全身泛着微微的七彩金属光泽，腹部米黄色，眼小，头小扁长。幼蛇深灰色，腹部灰白色。

生活习性：生活海拔在300~1500 m的平原，丘陵山区。穴居夜行蛇类，喜欢栖息在岩石下，土壤松软、潮湿落叶堆下，主要以蚯蚓为食，性情胆小。

分布：国内分布于香港、广东、广西、贵州、海南、江西、福建、浙江、陕西。国外分布于越南北部。

种群状况：不太常见。

濒危和保护等级：国家“三有”动物。

大岭山森林公园种群

种群数量：+。种群数量一般。

分布情况：大岭山不太常见，仅发现于白石山和石洞城楼。

环境特点：丘陵。

受胁因素：人为干扰。

（摄影/邱杰君、叶润田）

四、野生两栖类

摄影/叶润田、邱杰君、李 巍

无尾目 ANURA

东莞角蟾 *Panophrys dongguanensis*

角蟾科 Megophryidae

物种描述

识别特征：体型中等偏小，雄蟾体长 30.2~39.3 mm。头宽略大于头长，吻突出，鼓膜明显；后肢短，跟部不重叠，后肢往前贴时达鼓膜和眼之间；指具关节下瘤，无外侧缘膜；趾基部具蹼迹，无侧缘膜，趾基部具趾关节下瘤；身体背面痣粒较多，侧面疣粒若干且较大；发白的颞褶明显；背部棕黄色，两眼间具不完整的深色三角形，躯干背部通常具“X”形；腹面黑褐色，后段具白色斑点；雄蟾有单咽下声囊。

生活习性：通常在低海拔山间溪流及其附近森林地面和落叶层活动。冬季到开春雨季前，雄蟾在溪流中的岩石上发出求偶叫声，该季节也可以发现蝌蚪。

分布：中国特有种，目前仅发现于东莞。模式产地为东莞银瓶山。

种群状况：少见。

濒危和保护等级：广东省重点保护野生动物。

大岭山森林公园种群

种群数量：+。偶见。

分布情况：调查发现于石洞城楼、霸王城。

环境特点：山溪及附近林地。

受胁因素：栖息地丧失。

（摄影/叶润田）

黑眶蟾蜍 *Duttaphrynus melanostictus*

蟾蜍科 Bufonidae

● 物种描述

识别特征： 体型中等，雄蟾体长72~81 mm，雌蟾体长95~112 mm。鼓膜大而明显；吻棱显著，上眼睑内侧具较强的黑色骨质棱；有鼓上棱，耳后腺与眼不相接；雄蟾具内声囊。背部体色多变，通常为黄棕色或黑棕色；腹面乳黄色，通常具花斑。全身皮肤粗糙，除头顶外均布满瘰粒或疣粒，背部瘰粒多；腹部密布小疣，四肢刺疣较小；所有疣粒顶部都有黑色角质刺。

生活习性： 生活于中低海拔，对生境要求不高，非繁殖期陆栖，见于草丛、石堆、耕地、水塘边及住宅附近。行动缓慢，匍匐爬行。夜晚外出觅食，常在灯光下捕食害虫，以昆虫、蚯蚓、软体动物、甲壳类、多足类等为食。繁殖期（7、8月）雄蟾常发出似小鸭的连续鸣声。

分布： 国内分布于西藏、四川、云南、贵州、浙江、江西、湖南、福建、台湾、广东、香港、澳门、广西、海南。国外分布于印度、斯里兰卡、锡金、巴基斯坦、尼泊尔、孟加拉国、菲律宾、马尔代夫、中南半岛、马来半岛、苏门答腊岛、加里曼丹岛、爪哇、巴厘岛。

种群状况： 常见。

濒危和保护等级： 国家“三有”动物。

● 大岭山森林公园种群

种群数量： +++。种群数量较大。

分布情况： 分布较广，大部分区域有分布。

环境特点： 见于多种环境，草丛、石堆、耕地、水塘、道路边、住宅附近等。

受胁因素： 栖息地丧失。

（摄影/李　巍、邱杰君、叶润田）

沼水蛙 *Hylarana guentheri*

蛙科 Ranidae

● 物种描述

识别特征： 体型中等，体长71~72 mm，雌蛙比雄蛙略大。雄蛙前肢基部具肱腺；咽侧下具一对外声囊。体背后部有分散的小疣粒，余部皮肤光滑；体腹面光滑，仅雄蛙的咽侧外声囊处有褶皱；体侧皮肤有小疣粒，肛后和股内侧疣粒密集，胫部背面有细肤棱；口角后至肩部具2个明显的颌腺。背面淡棕色或灰棕色；沿背侧褶下缘具黑纵纹，体侧有不规则的黑斑，或连成条纹；鼓膜后沿颌腺上方具一斜行的细黑纹；鼓膜周围有一淡黄小圈；颌腺淡黄色；后肢背面有3~4条深色宽横纹，股后有黑白相间的云斑；外声囊灰色；体腹面淡黄色，两侧黄色稍深。

生活习性： 生活在中低海拔，通常在1100 m以下。成蛙多栖息于稻田、池塘或水坑内，常隐蔽在水生植物丛间、土洞或杂草丛中，捕食以昆虫为主，还觅食蚯蚓、田螺及幼蛙等。繁殖季节在5、6月。

分布： 国内分布于河南、四川、重庆、云南、贵州、湖北、安徽、湖南、江西、江苏、上海、浙江、福建、台湾、广东、香港、澳门、广西、海南。国外分布于越南，近期被人为引入关岛。

种群状况： 常见。

濒危和保护等级： 国家“三有”动物。

● 大岭山森林公园种群

种群数量： ++。虽为常见种，但是在大岭山森林公园内种群数量相对较少。

分布情况： 在鸡公仔、石洞城楼、霸王城、人王岭水库、白石山等均有分布。

环境特点： 庄稼地、水塘、水潭等水域内或水边。

受胁因素： 人为猎杀、栖息地丧失。

（摄影/叶润田、邱杰君、李　巍）

大绿臭蛙 *Odorrana graminea*

蛙科 Ranidae

● 物种描述

识别特征：体型中等，雌雄体型差异大，雄蛙体长48 mm，雌蛙91 mm左右。体背面有背侧褶，雄蛙咽侧具一对外声囊；皮肤光滑，背侧褶较宽但不明显，从眼后角至胯部；眼下方有腺褶；颌腺在鼓膜后下方，偶尔不明显；颞部有细小痣粒。腹面皮肤也光滑。背面为鲜绿色，深浅有变异；两眼前角间有一小白点；头侧、体侧及四肢浅棕色，四肢背面有深棕色横纹，一般股、胫各有3~4条，少数标本横纹不显而有不规则斑点。趾蹼略带紫色；上唇缘腺褶及颌腺浅黄色；腹侧及股后有黄白色云斑。腹面白色。

生活习性：生活于海拔450~1200 m植被较好的大中型山溪及其附近。溪流通常有较多石头，且石头上大多长有苔藓等植物，环境阴湿。成蛙白昼多隐匿于流溪岸边石下或在附近的密林里落叶间；夜间多蹲在溪内露出水面的石头上或溪旁岩石上。5、6月为繁殖，卵群成团黏附在溪边石下，雌性怀卵数通常为2000~3000粒。蝌蚪栖息于流溪水凼内。

分布：国内分布于陕西、云南、贵州、安徽、浙江、江西、湖南、福建、广东、广西、海南和香港。国外分布于东南亚各国。

种群状况：较为常见。

濒危和保护等级：国家“三有”动物。

● 大岭山森林公园种群

种群数量：+。虽为较常见种，但是在大岭山森林公园内调查过程中遇见率低，数量不多。

分布情况：碧幽谷、石洞城楼等。

环境特点：山溪边石头多且湿度大的区域。

受胁因素：人为猎杀、栖息地丧失。

（摄影/叶润田、李 巍、邱杰君）

泽陆蛙 *Fejervarya multistriata*

叉舌蛙科 Dicroglossidae

物种描述

识别特征：体型相对较小，雄蛙略小，体长38~42 mm，雌蛙体长43~49 mm。雄蛙有单咽下外声囊。背部皮肤粗糙，具数行长短不一的纵肤褶，褶间、体侧及后肢背面有小疣粒；腹面皮肤光滑。背面颜色变异较大，多为灰橄榄色或深灰色，杂有棕黑色斑纹，有的头体中部有一条浅色脊线；上下唇缘有棕黑色纵纹，四肢背面各节有棕色横斑2~4条，体和四肢腹面为乳白色或乳黄色。

生活习性：生活于海拔2000 m以下的稻田、沼泽、水塘、水沟等静水域或其附近的旱地草丛。昼夜活动，主要在夜间觅食。4~9月繁殖期；大雨后该蛙常集群繁殖；雌蛙每年产卵多次，每次产卵350~2000粒，产卵多少与年龄有关，卵群多产在水深5~15 cm的稻田及雨后临时水坑中，卵粒成片漂浮于水面或黏附于植物枝叶上。蝌蚪生活于静水域中。

分布：国内分布于河北、天津、山东、河南、陕西、甘肃、湖北、安徽、江苏、浙江、上海、江西、福建、台湾、四川、重庆、贵州、云南、海南、广东、香港、澳门、广西。国外分布于印度、越南、缅甸、日本。

种群状况：常见。

濒危和保护等级：国家“三有”动物。

大岭山森林公园种群

种群数量：++。野外调查发现有一定的种群。

分布情况：碧幽谷、马鞍山、石洞城楼等。

环境特点：庄稼地、水塘、水洼等水域或边上。

受胁因素：人为猎杀、栖息地丧失。

（摄影/叶润田、李　巍）

小棘蛙 *Quasipaa exilispinosa*

叉舌蛙科 Dicroglossidae

● 物种描述

识别特征：体型中等，雌雄差异不大，体长44~67 mm。本种与棘胸蛙相近，但小棘蛙个体较小，体长不超过80 mm。第四趾两侧蹼缺刻深。体表皮肤粗糙，除股后侧外，全身背面布满大小不等的圆疣、扁平疣或窄长疣，疣上均有细小的黑色角质刺，其中后背、肛孔周围及胫、跗部背面的刺疣更为密集。背面多为棕色、浅棕褐色，散有黑褐斑，眼间及四肢背面有黑褐色横纹；后腹部及后肢腹面呈蜡黄色。

生活习性：生活于海拔500~1400 m植被好的水面宽度约1 m以下的小山溪内或沼泽地边石下。主要捕食多种昆虫、蜘蛛和松毛虫等。繁殖季节在6、7月；繁殖期间，晚上发出"嗒、嗒"的连续鸣声，长者可达10余声；卵产在小溪水凼内，卵群成串或分散悬于草根或石块下，雌蛙产卵50~100粒。蝌蚪生活于溪沟小水坑里。

分布：中国特有种。湖南、江西、福建、云南、广西、广东、浙江、安徽、香港。

种群状况：较为少见。

濒危和保护等级：国家"三有"动物。

● 大岭山森林公园种群

种群数量：+。数量少，偶见。

分布情况：仅发现于霸王城。

环境特点：山溪边。

受胁因素：栖息地丧失。

（摄影/叶润田）

斑腿泛树蛙 *Polypedates megacephalus*

树蛙科 Rhacophoridae

物种描述

识别特征： 体型中等，雄蛙体长41~48 mm，雌蛙体长57~65 mm。背面皮肤光滑，有细小痣粒；体腹面有扁平疣，咽胸部的疣较小，腹部的疣大而稠密。背面颜色有变异，多为浅棕色、褐绿色或黄棕色，一般有深色“X”形斑或呈纵条纹，有的仅散有深色斑点；腹面乳白或乳黄色，咽喉部有褐色斑点；股后有网状斑。

生活习性： 生活于海拔80~200 m的丘陵和山区，栖息生境多样化，如稻田、草丛或泥窝内，或在田埂石缝以及附近的灌木、草丛中。傍晚发出“啪、啪、啪”的鸣叫声。行动较缓，跳跃力不强。繁殖期因地而异，通常在4~9月。配对时雄蛙前肢抱握在雌蛙的腋胸部位，卵群附着在稻田或静水塘岸边草丛中或泥窝内，卵泡呈乳黄色，含卵250~2400粒。蝌蚪在静水内发育生长，当年完成变态发育，幼蛙以陆栖为主。

分布： 国内分布于香港、广东、广西、海南、湖南、贵州、云南。国外分布于泰国、柬埔寨、老挝、越南、缅甸等。

种群状况： 较为常见。

濒危和保护等级： 国家“三有”动物。

大岭山森林公园种群

种群数量： +。种群数量不多，遇见率低。

分布情况： 白石山、大王岭水库、马鞍山、鸡公仔等。

环境特点： 庄稼地、溪流边。

受胁因素： 栖息地丧失。

（摄影/叶润田、李　巍）

粗皮姬蛙 *Microhyla butleri*

姬蛙科 Microhylidds

● 物种描述

识别特征：体型小，雌雄体型无差异，体长20~25 mm。趾间具微蹼；指、趾末端均具吸盘，背面有纵沟。身体背部有镶黄边的黑酱色大花斑。背面皮肤粗糙，满布疣粒：背中线上的疣粒较细长，太多排列成行，背两侧的较大而圆；四肢背面也有疣粒；枕部有肤沟，向两侧斜达口角后绕至腹面，在咽喉部相连形成咽褶；股基部后方圆疣较多。腹面皮肤光滑。身体及四肢背面为灰色或灰棕色，背上许多疣粒上有红色小点。背部中央大花斑起自上眼睑内侧，向后延伸至躯干中央汇成宽窄相间的主干；在背后端，主干向两侧分叉，形成“∧”形的深色花斑，斜向胯部，恰与后肢贴体时的股部背面黑酱色横纹相吻合；颞部肤沟色浅；从眼后沿体侧至胯部有3~4块黑斑，其中以肩上方的一个最大；四肢背面均有黑横纹。咽喉部有小黑点，雄蛙的尤为密集；腹部及四肢腹面白色。

生活习性：生活于海拔100~1300 m的山区。成蛙常栖息于山坡水田、水坑边土隙或草丛中。繁殖季节在5、6月。在繁殖季节，雄蛙发出“歪！歪！歪！”的鸣叫声，雌蛙产卵900粒左右。30小时左右孵出小蝌蚪；48 天左右蝌蚪变成幼蛙。

分布：国内从四川东部及云南、浙江都有分布，包括海南和台湾。国外分布于马来半岛、缅甸、越南、印度东北部。

种群状况：较为常见。

濒危和保护等级：国家“三有”动物。

● 大岭山森林公园种群

种群数量：+。种群数量较少。

分布情况：仅发现于白石山沙溪水库。

环境特点：庄稼地、水沟、水坑等边上。

受胁因素：栖息地丧失。

（摄影/叶润田、李　巍）

花狭口蛙 *Kaloula pulchra*

姬蛙科 Microhylidds

● 物种描述

识别特征：体型中等，雌雄体型大小几无差异，体长55~77 mm。趾间仅具微蹼。皮肤厚且光滑，背面有小疣粒或圆疣；枕部肤沟明显，颞褶清晰。腹面皮肤呈皱纹状，其间散有浅色疣粒；雄蛙咽喉部皮肤粗糙。背面有一条十分醒目的镶深色边的棕黄色宽带纹，从两眼间开始，绕过眼睑，折向体侧延伸至胯部，略呈“n”形，在“n”形宽带内为深棕色、大的三角形斑，宽带外侧有一条深棕色宽纹从眼后斜伸至腹侧；四肢背面无横纹，密布深棕色斑点或不规则的小斑块；颞部至口角色浅。腹面浅棕黄色或肉色。

生活习性：生活于低海拔的住宅附近或山边的石洞、土穴中或树洞里，主要以蚁类为食。繁殖季节在3~8月，雄蛙发出音响如牛吼的鸣叫声，雌蛙每年可产卵两次，常在暴雨之后产卵于临时积水坑里，卵群成片，单粒浮于水面，含卵4000粒左右，经24小时即可孵出小蝌蚪，20天左右完成变态发育。夜间该蛙行动迟缓，被干扰后鸣声即停，无干扰之后约1分钟又开始鸣叫，捕捉后身体鼓胀近似于球形。

分布：国内分布于云南、广东、广西、海南、福建、香港、澳门。国外分布于印度、孟加拉国、马来半岛、新加坡、苏门答腊、加里曼丹岛、苏拉威西、泰国、缅甸、柬埔寨、老挝、越南。

种群状况：较为常见。

濒危和保护等级：国家“三有”动物。

● 大岭山森林公园种群

种群数量：++。有一定的种群数量，但是分布区域较为局限。

分布情况：白石山、碧幽谷、大王岭水库、马鞍山、石洞城楼、鸡公仔等。

环境特点：小水洼、水潭等，也见于小道边。

受胁因素：栖息地丧失。

（摄影/李　巍）

花细狭口蛙 *Kalophrynus interlineatus*

姬蛙科 Microhylidds

● 物种描述

识别特征：体型中等偏小，雄蛙略小，体长32~38 mm，雌蛙40 mm左右。除四肢内侧皮肤光滑外，其余皮肤粗糙，密布扁平疣；颞褶明显。腹面有少数色浅的大圆疣，一般自口角沿胸侧各有5~7枚排列成行，有的个体腹侧也散有若干排列不规则的大圆疣。背面棕色或略带灰色，体侧色深，但也有变化；体背面一般有4条明显的深色纵纹；四肢背面深棕色横纹很醒目，当后肢弯曲时，横纹与背部纵纹相接；体侧自吻端至胯部为深棕色，与背面分界线明显，胯部常有一个圆斑；腹面肉黄色，整个咽喉部、胸部及前腹部灰褐色或黑棕色，部分个体咽喉部中线两侧有两条深色宽纵纹。

生活习性：生活于低海拔的平原和丘陵地区，常栖息于住宅或耕作区周围的草丛中，很少在水内，不喜大型水塘。繁殖季节在3~9月。繁殖季节雄蛙在夜间发出洪亮的单一鸣叫声；卵产于小水坑内，成片地漂浮于水面。蝌蚪生活于小水坑中。

分布：国内分布于云南、广东、海南、广西、香港。国外分布于缅甸、老挝、柬埔寨、越南。

种群状况：较为少见。

濒危和保护等级：国家“三有”动物。

● 大岭山森林公园种群

种群数量：+。种群数量少。

分布情况：仅发现于鸡公仔。

环境特点：小水洼、水潭等。

受胁因素：栖息地丧失。

（摄影/邱杰君、叶润田）

参考文献

陈武华, 黄文娟, 杨道德, 2009. 江西武功山国家森林公园野生动物资源及保护对策[J]. 江西林业科技, (4) : 36-40.

费梁, 叶昌媛, 江建平, 2012. 中国两栖动物及其分布彩色图鉴[M]. 成都: 四川科学技术出版社.

国家林业和草原局, 2020. 林护发〔2011〕111 号:《全国第二次陆生野生动物资源调查技术规程》[EB/OL]. (03-12) [2023-10-10]. http://www.forestry.gov.cn.

胡平, 庄平弟, 丁晓龙, 等, 2011. 深圳市观澜森林公园哺乳动物调查[J]. 中国农学通报, 27 (22) : 94-98.

李斌强, 高歌, 李家华, 等, 2022. 云南高黎贡山南段高山生境的鸟兽多样性[J]. 动物学杂志, 57 (4) : 528–543.

刘颂颂, 叶永昌, 张柱森, 等, 2005. 东莞大岭山村边自然次生林群落物种组成特征及其对区域物种库的贡献[J]. 广东林业科技, 21 (4) : 18-22.

秦礼晶, 2015. 东莞市降水特性分析[J]. 广东水利水电, (6) : 46-48, 57.

任海, 黄平, 张倩媚, 等, 2002. 广东森林资源及其生态系统服务功能[M]. 北京: 中国环境科学出版社.

宋文宇, 李学友, 王洪娇, 等, 2021. 三江并流区树线生境小型兽类多样性多维度评价及其保护启示[J]. 生物多样性, 29 (9) : 1215-1228.

王登峰, 曹洪麟, 1999. 东莞市主要植被类型与生态公益林建设[J]. 广东林业科技, 15 (2) : 22-27.

王芳, 王勇军, 叶光明, 等, 2009. 深圳市三洲田森林公园兽类资源调查及保护[J]. 林业与环境科学, 25 (4) : 54-58.

肖治术, 2019. 红外相机技术在我国自然保护地野生动物清查与评估的应用[J]. 生物多样性, 27 (3) : 235–236.

张礼标, 郭强, 刘奇, 等, 2017. 深圳兽类物种资源调查及其影响因素分析[J]. 兽类学报, 37 (3) : 256-265.

张亮, 2012. 东莞市银瓶山自然保护区动物多样性保护与研究[M]. 广州: 广东科技出版社.

张倩雯, 龚粤宁, 宋相金, 等, 2018. 红外相机技术与其他几种森林鸟类多样性调查方法的比较[J]. 生物多样性, 26 (3) : 229–237.

张荣祖, 2011. 中国动物地理[M]. 北京: 科学出版社.

郑光美, 2017. 中国鸟类分类与分布名录 (第三版) [M]. 北京: 科学出版社.

中国科学院华南植物研究所, 1995. 广东植物志 (第三卷) [M]. 广州: 广东科技出版社.

邹发生, 叶冠锋, 2016. 广东陆生脊椎动物分布名录[M]. 广州: 广东科技出版社.

BRUM F T, GRAHAM C H,COSTA G C, et al., 2017. Global priorities for conservation across multiple dimensions of mammalian diversity[J]. Proceedings of the National Academy of Sciences, 114 (29) : 7641–7646.

LIANG D, PAN X Y, LUO X, et al., 2021. Seasonal variation in community composition and distributional ranges of birds along a subtropical elevation gradient in China[J]. Diversity and Distributions, 27 (12) : 2527–2541.

WELBOURNE D J, CLARIDGE A W, PAULL D J, et al, 2016. How do passive infrared triggered camera traps operate and why does it matter? Breaking down common misconceptions[J]. Remote Sensing in Ecology and Conservation, 2 (2) : 77–83.

中文名索引

学名索引

后记

“绿美东莞·品质林业”是东莞林业系统按照广东省委、东莞市委绿美生态建设部署，在东莞长期坚持的城市定位引领下，结合新时代新形势新要求，明确当前及今后一个时期的战略任务和价值追求。未来一段时期，东莞市林业局将以绿美生态建设为牵引，不断提升林业系统各项工作品质，为培育千万人口绿美生态家园意识做出林业贡献，为东莞经济社会发展提供高质量林业保障。

按照“一年开局起步、三年初见成效、五年显著变化、十年根本改变”的工作要求，东莞市林业局以提升全社会林业科学素养为小切口，结合东莞生物多样性的绿色本底，组织编印“绿美东莞·品质林业”系列书籍，普及林业科学及绿美东莞生态建设知识，希望系列书籍能为绿美东莞生态建设提供科学支撑，也为更好地动员社会力量参与绿美生态建设营造浓厚氛围。

丛书编委会

2023年11月